ATLANTI UNIVERSALI GIUNTI

MICROBIOLOGIA

GIUNTI

Microbiologia
Testi: Cristina Praglia
Illustrazioni: Archivio Giunti
Disegni originali: pp. 9/4; 11/1; 55/3; 57; 65/1; 71/1; 87 Lionella Dindo

ISBN 88-09-21791-8

Prima edizione: 1999. Seconda edizione: maggio 2000

Sommario

Il campo di studio della microbiologia

Lo studio della microbiologia si interessa della fisiologia e della morfologia dei microrganismi, forme viventi accomunate da piccole dimensioni e invisibili ad occhio nudo. A questa categoria appartengono organismi unicellulari, quali batteri, protozoi e funghi; microrganismi sono anche i virus, i viroidi ed i prioni, che non hanno strutture simili a quelle tipiche delle cellule.

Procarioti ed eucarioti

I procarioti sono organismi semplici, privi di involucro nucleare e di altre compartimentazioni di membrana; gli unici organuli cellulari sono i ribosomi, che si differenziano da quelli degli eucarioti per il minore coefficiente di sedimentazione (70 Svedberg, 80 S negli eucarioti). Le strutture accessorie, come la parete ed i flagelli, hanno una composizione biochimica nettamente differente rispetto a quelle analoghe degli eucarioti.

Gli eucarioti possiedono compartimentazioni di membrana altamente specializzate, il nucleo è complesso ed è delimitato da una membrana nucleare.

I microrganismi, con l'esclusione dei virus, sono compresi in quattro Regni:

- Archaea: include microrganismi simili ai batteri con metabolismo estremofilo.
- Monera: comprende tutti i batteri e le alghe azzurre, che sono procarioti;
- Protista: raggruppa i protozoi, eucarioti unicellulari;
- Fungi: classifica i lieviti, le muffe e i funghi superiori; sono tutti organismi eucarioti, ma i lieviti sono unicellulari e gli altri pluricellulari.

L'osservazione al microscopio

La microbiologia e l'uso dei microscopi sono strettamente correlati, poichè le dimensioni dei microrganismi, nell'ordine di 1-4 mm, sono tali da renderne impossibile l'osservazione ad occhio nudo. L'analisi della morfologia dei microrganismi dipende dagli strumenti di osservazione; nella maggior parte dei casi, l'impiego di un semplice microscopio ottico a campo chiaro permette la visione dei microrganismi con un buon ingrandimento, tranne nel caso dei virus, per l'osservazione dei quali è necessario il microscopio elettronico. I mezzi di osservazione sono i microscopi ottici, i microscopi a campo oscuro, i microscopi elettronici e i nuovi tipi di microscopi che consentono l'analisi e la valutazione quantitativa dei preparati; questi ultimi sono microscopi elettronici a scansione modificati in modo da ottenere una risoluzione a livello atomico.

Microscopi elettronici

I microscopi elettronici utilizzano come fonte luminosa i fasci di elettroni al posto della luce e permettono l'osservazione dell'ultrastruttura cellulare. Esistono due tipi di microscopi elettronici: a scansione e a trasmissione.

Nei microscopi elettronici a scansione il fascio di elettroni passa più volte sul preparato, creando zone chiare e zone scure che danno un'immagine tridimensionale; permettono ingrandimenti fino a 10.000 volte.

I microscopici elettronici a trasmissione consentono di ingrandire fino a 400.000 volte, grazie a un fascio di elettroni che, dopo aver attraversato il preparato sotto vuoto, imprime su una lastra fotografica l'immagine in bianco e nero; con il computer è possibile modificare l'immagine con falsi colori. Questi microscopi hanno un potere di risoluzione (capacità di far vedere distintamente due punti vicini) di 10 Å, oltre 100 volte superiore a quello dei microscopi ottici. Poiché il potere di penetrazione degli elettroni è basso, i preparati vanno appositamente trattati, fissati e poi tagliati in fettine sottilissime; in seguito queste sono colorate per contrastare l'immagine del materiale biologico. Talvolta la preparazione può creare artefatti difficili da interpretare.

Microscopi a fluorescenza

Il preparato è dapprima trattato con coloranti fluorescenti, ad esempio isotiocianato di fluoresceina, ed in seguito è analizzato al microscopio a fluorescenza; questo è dotato di un sistema di illuminazione a raggi ultravioletti, i quali colpiscono il preparato e illuminano il colorante con un effetto fluorescente. Il microscopio a fluorescenza trova impiego anche nelle indagini immuno-chimiche.

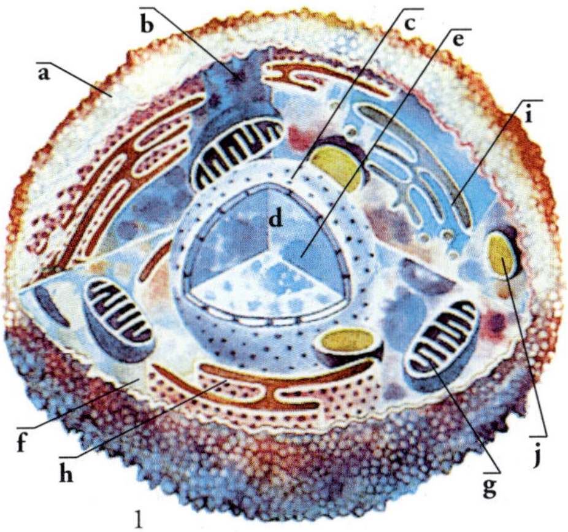

1

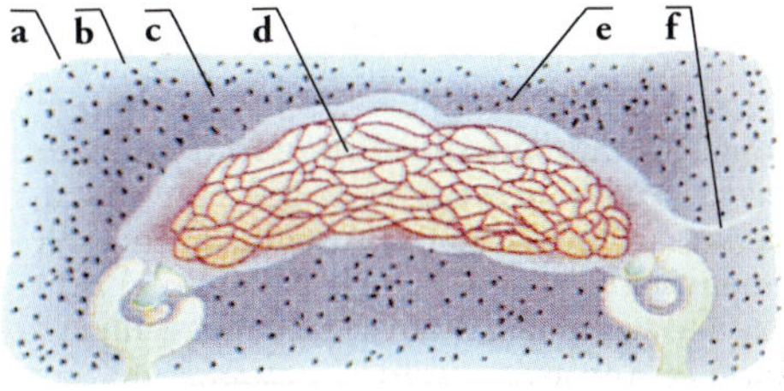

2

1. Struttura schematizzata di una cellula eucariote "tipo": **a**. membrana plasmatica (cellulare); **b**. citoplasma; **c**. membrana nucleare; **d**. nucleo; **e**. cromosoma; **f**. ribosomi; **g**. mitocondrio; **h**. reticolo endoplasmatico; **i**. apparato di Golgi; **j**. lisosoma.

2. Struttura schematizzata di una cellula procariote (batterio): **a**. parete cellulare; **b**. membrana plasmatica (cellulare); **c**. citoplasma; **d**. cromosoma; **e**. ribosomi; **f**. flagello.

3. Microscopio elettronico a trasmissione Tem (Transmission Electric Microscopy) EM109/Carl Zeiss per ingrandimenti da 150x:400.000 x.

3

Microscopi ottici
Il microscopio a campo chiaro è il mezzo ottico più diffuso. Una fonte luminosa artificiale o naturale illumina il vetrino con il preparato da osservare, che appare più scuro rispetto allo sfondo. Il microscopio a campo chiaro permette l'osservazione a secco e ad immersione. Nel primo caso la luce raggiunge il preparato dopo aver attraversato l'aria; nel secondo caso, la luce attraversa una goccia di olio di cedro precedentemente depositata sulla superficie da osservare. Gli obiettivi ad immersione consentono ingrandimenti massimi di 1.000–2.000 volte e sono ampiamente utilizzati in microbiologia, poichè forniscono un maggior ingrandimento e un'immagine più nitida, in quanto l'olio da immersione rende omogeneo il percorso del raggio luminoso fra il preparato e l'obiettivo del microscopio. Al microscopio ottico si può collegare il computer per ricavare immagini digitali, più nitide e precise.
Nel microscopio a campo oscuro la luce è riflessa dal preparato e non dal vetrino, di modo che i microrganismi appaiono luminosi in un campo nero.
Il microscopio a contrasto di fase utilizza i cambiamenti di fase della luce quando incontra il preparato da osservare; poichè i cambiamenti sono estremamente piccoli, si montano filtri adatti per accentuare le differenze, insieme a specchi che, opportunamente disposti, danno un'immagine tridimensionale.
Benchè sia possibile analizzare "a fresco" le cellule, nella gran parte dei casi il materiale da osservare al microscopio ottico deve essere colorato per evidenziare le sue caratteristiche,
L'esame "a fresco" è fatto direttamente su cellule vive senza trattamenti con coloranti; non consente l'uso di obiettivi ad immersione, pertanto non permette forti ingrandimenti, ma è utile per osservare l'eventuale movimento dei microrganismi. È un esame valido soprattutto per l'osservazione di microrganismi di maggiori dimensioni (funghi e protozoi), meno per gli altri microrganismi.
Le colorazioni vengono applicate per lo più su cellule morte, anche se talvolta si ricorre a coloranti vitali. Le colorazioni di uso più comune in batteriologia sono la Gram, la Ziehl-Neelsen, la Neisser-Gins e quella con il blu di metilene.

Colorazione di Gram
Permette di distinguere i batteri in due categorie: Gram positivi, di colore viola scuro, e Gram negativi, viola chiaro. Il preparato fissato alla fiamma è colorato con cristalvioletto, che ha affinità per la mureina della parete batterica. Il colorante che non ha reagito va eliminato e il preparato è coperto con liquido di Lugol; in seguito l'alcool elimina l'eccesso di cristalvioletto. Infine, si copre con fucsina per colorare lo strato esterno lipidico della parete dei Gram$^-$.
La parete dei Gram$^+$, in cui la percentuale di lipidi è nettamente inferiore rispetto a quella della mureina, trattiene il cristalvioletto e appare viola scuro. I batteri Gram$^-$ non trattengono il colorante, a causa dello spesso strato di lipidi, e assumono la fucsina diventando viola chiaro.
I batteri vecchi hanno la tendenza ad apparire Gram$^-$, non riuscendo più a trattenere il colorante.

Colorazione di Ziehl-Neelsen
Si utilizza per i micobatteri (tubercolosi, lebbra), nella parete cellulare dei quali si trova un'elevata percentuale di cere, che li rendono impermeabili alla maggior parte dei coloranti.
Il preparato è messo a contatto con la fucsina ed è scaldato fin quasi a bollitura, in modo da impregnare la parete; si fa seguire una decolorazione spinta con acidi e alcool. Rimangono colorati in rosso solo i micobatteri che, grazie alle cere, hanno trattenuto il colorante.

Colorazione di Neisser–Gins
Evidenzia i granuli di polifosfati contenuti nei corinebatteri (batteri della difterite). Il preparato è trattato dapprima con una miscela di blu acetico e cristalvioletto ed in seguito con il colorante di contrasto crisoidina. La cellula batterica appare verde con granuli neri all'interno.

Colorazione con blu di metilene
È una semplice colorazione monocromatica, non selettiva e di impiego generale, utilizzata per batteri e lieviti. Evidenzia la forma delle cellule nel preparato, senza distinguere altre strutture. I corpi cellulari appaiono di colore blu.

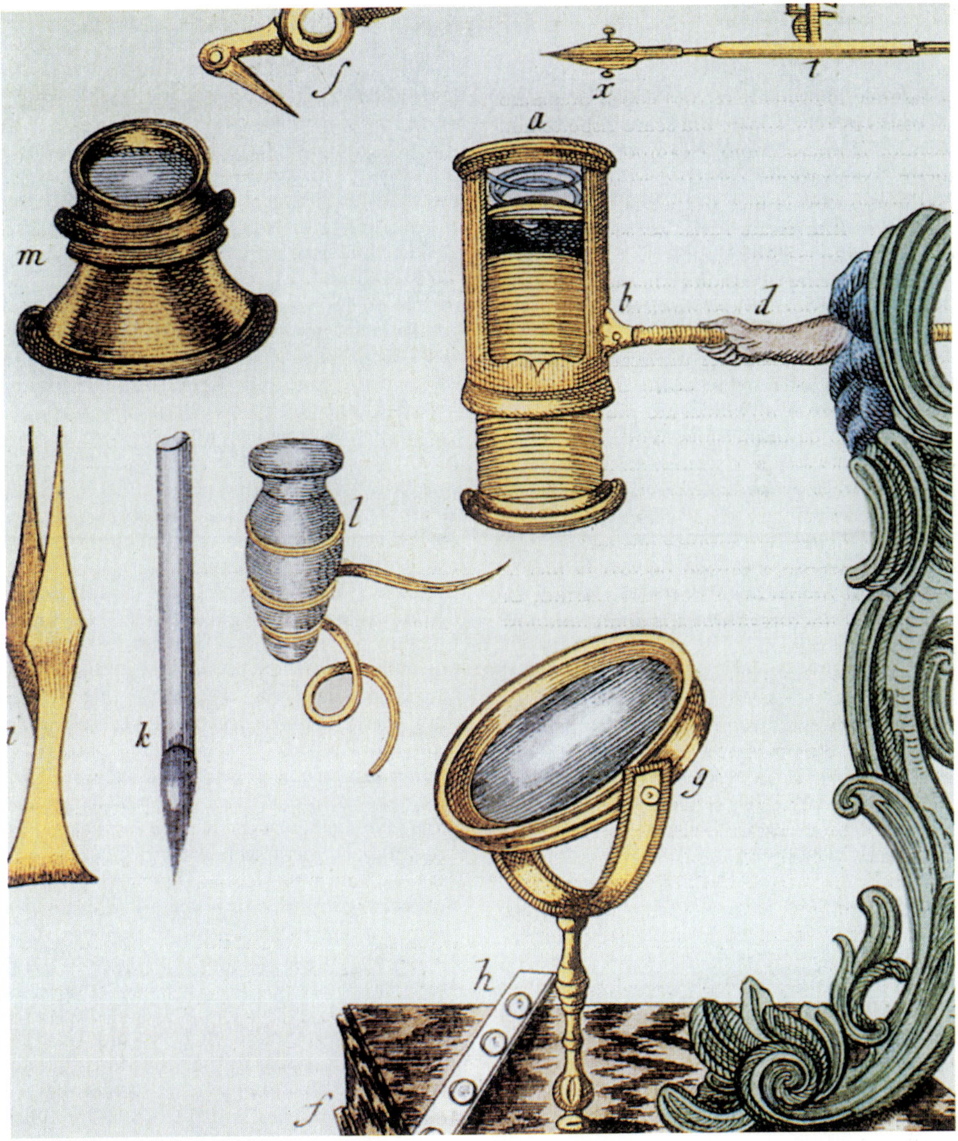

Tavola illustrata tratta da "Gioie microscopiche dell'occhio e della mente" di Martin Froben Ledermuller (1760-1763) raffigurante strumenti di osservazione.

I batteri

I batteri possono essere di forma sferica, bastoncellare o a spirale. Quelli di forma sferica sono detti cocchi e possono essere elementi isolati, a coppie (diplococchi), a catenella (streptococchi), a gruppi di quattro elementi (tetradi), a grappoli (stafilococchi) oppure a gruppi di otto cellule simmetriche in uno spazio cubico (sarcina). La forma bastoncellare è tipica dei bacilli, che sono isolati o, più raramente, accoppiati (diplobacilli) o in catena (streptobacilli). Gli spirilli hanno forma di spirale più o meno lunga e di solito sono isolati. I batteri a spirale corta, incompleta e incurvata a virgola sono i vibrioni.
Le dimensioni medie dei batteri sono 0,5-1 mm di larghezza e 2-5 mm di lunghezza, con un volume medio di 0,4-15 mm^3. Con queste dimensioni, è stato calcolato che 1 grammo di batteri contiene circa 500 milioni di individui. Le dimensioni ridottissime dei batteri consentono attivi scambi metabolici con l'ambiente, poiché il rapporto superficie/volume è molto elevato.

Struttura della cellula batterica
All'interno di una cellula batterica si trovano il citoplasma, il nucleoide ed i ribosomi; le strutture esterne sono la membrana plasmatica, la parete e, limitatamente ad alcune specie, la capsula, i flagelli, i pili e le fimbrie.

Strutture interne
Citoplasma – Non contiene organuli ed è finemente granulare per la presenza dei ribosomi e delle inclusioni citoplasmatiche. Alcune proteine formano un citoscheletro simile a quello delle cellule eucariotiche; queste proteine (o fts, da "filamentous temperature-sensitive) si organizzano in protofilamenti e strutture curve, dette "mini-ring". Durante la divisione cellulare formano un anello-Z, che si àncora al plasmalemma tramite proteine transmembrana; l'anello scompare quando si forma il setto divisorio e ricompare nelle cellule-figlie. L'anello è evidenziabile anche durante la sporulazione. L'organizzazione delle proteine fts richiede energia, che deriva dall'idrolisi del GTP. Il citoplasma contiene soprattutto acqua e proteine strutturali e funzionali (enzimi), polisaccaridi di riserva (amido e glicogeno), oltre a piccole molecole organiche.
Le inclusioni citoplasmatiche sono eterogenee, spesso organizzate in granuli di materiale nutritivo di riserva. Il numero dei granuli non è costante, aumenta con l'invecchiamento della cellula ed è influenzato dal tipo di terreno di coltura.
Ribosomi – Sono diffusi in tutto il citoplasma, ma sono maggiormente concentrati nei pressi della membrana plasmatica, dove le proteine enzimatiche sono più abbondanti. I ribosomi batterici sono più piccoli di quelli eucariotici (coefficiente di sedimentazione 70S contro 80S); sono costituiti da due subunità, una maggiore (50 S) ed una minore (30 S) che di solito sono separate. Entrambe sono costituite da RNAr associato a proteine. Durante la sintesi proteica, le due subunità si associano in presenza di ioni magnesio e formano il canale del messaggero, nel quale si inserisce l'RNAm. Quando più ribosomi si associano al medesimo filamento di RNAm, si forma il polisoma (o poliribosoma), che somiglia ad una collana dove le perle sono rappresentate dai ribosomi e il filo dall'RNAm. La funzione dei ribosomi è di intervenire nella costruzione delle proteine.
Nucleoide (o equivalente nucleare) – Contiene il materiale genetico dei batteri, ma non è circondato dalla membrana come negli eucarioti. Non ha sede e conformazione ben definite: nei $Gram^+$ di solito è in posizione centrale, nei $Gram^-$ è più grande e si trova in periferia, vicino alla membrana. La forma può essere sferica, bastoncellare, irregolare. Il nucleoide contiene un solo cromosoma (corredo cromosomico aploide) formato da DNA associato in alcuni tratti a poliammine, che ne riducono l'acidità, e ad enzimi oppure a proteine regolatrici per la trascrizione dell'RNAm. In molti punti il filamento di DNA rimane nudo, non associato ad altri composti. La composizione chimica del DNA batterico è del tutto simile a quella degli altri esseri viventi, con una doppia elica formata da nucleotidi in sequenza. Il filamento a doppia elica del DNA è saldato da un ponte fosforico alle due estremità 3' e 5', in modo da formare un anello. La lunghezza dell'anello varia secondo le specie, ma in ogni

1

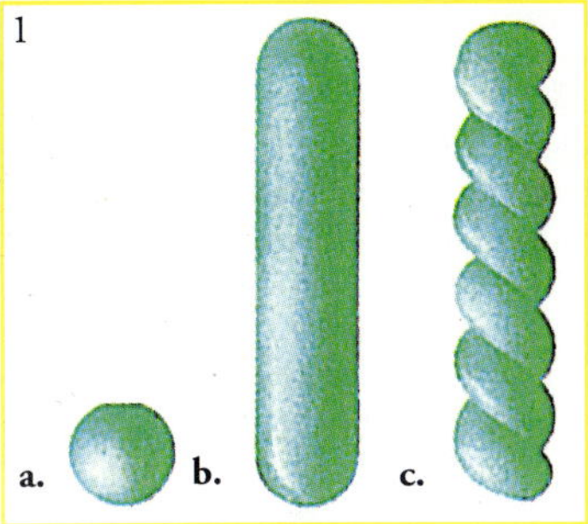

1. Forme "classiche" di batteri:
a. cocco; **b**. bastoncino; **c**. spirillo.

2. Microfotografie di batteri:
a. vibrione del colera con un unico flagello, **b**. stafilococchi; **c**. bacillo, **d**. spirillo con flagelli.

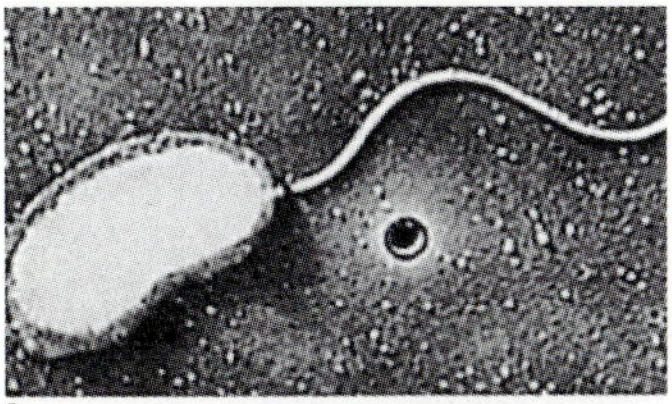
2a

2b

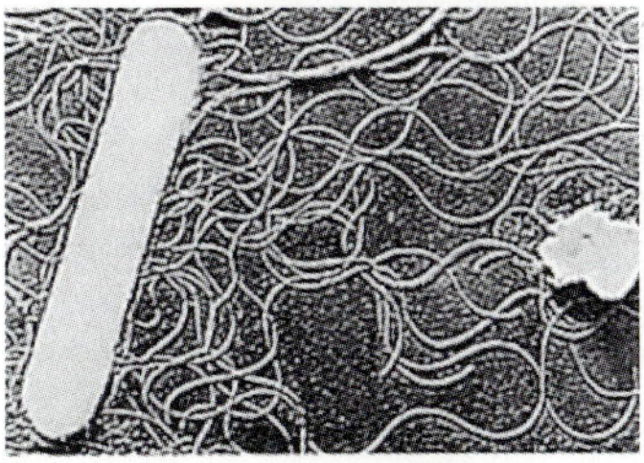
2c

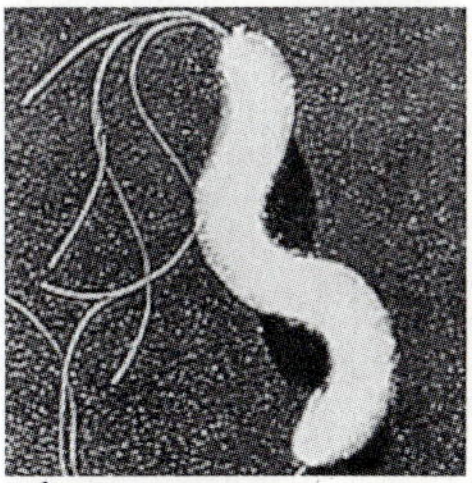
2d

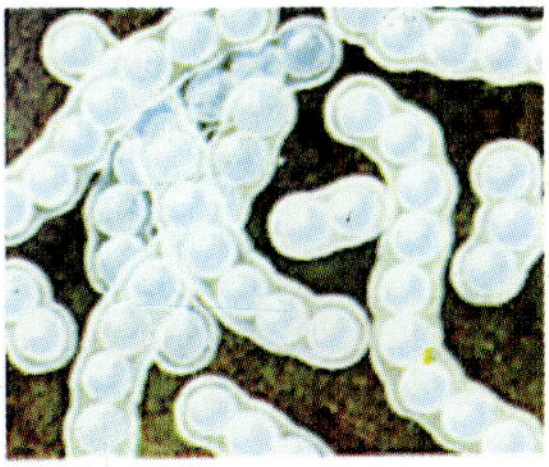
3a

3b

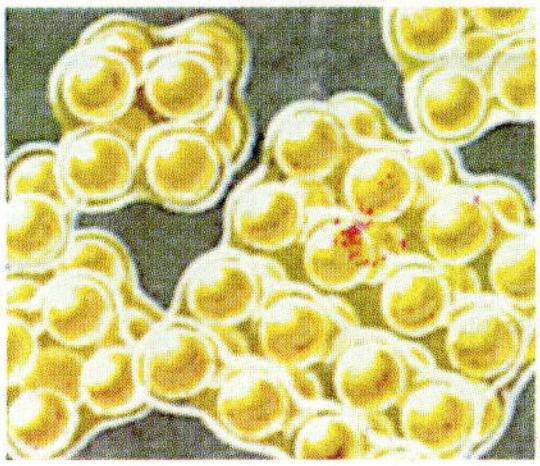
3c

3. Tipi di aggregati batterici. **a.** Streptococchi. **b.** Micrococchi. **c.** Sarcine

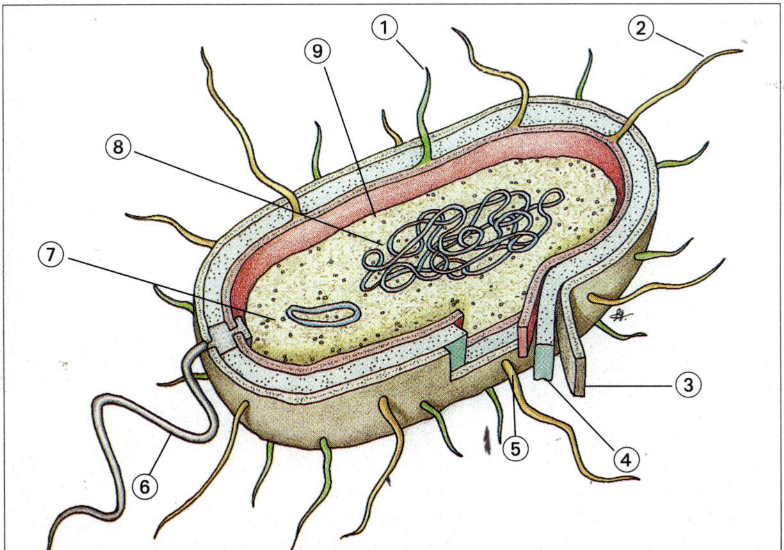

4

4. Struttura di un batterio.
1) Fimbria.
2) Pilo.
3) Capsula.
4) Parete.
5) Membrana plasmatica.
6) Flagello.
7) Plasmide.
8) Nucleoide.
9) Ribosomi.

caso il DNA è molto lungo rispetto alle dimensioni del batterio.
Plasmidi – Sono piccole molecole di DNA in doppia elica chiusa ad anello indipendenti dal cromosoma principale e contenenti al massimo un centinaio di geni. I plasmidi possono duplicarsi autonomamente e controllare diverse importanti funzioni, quali la resistenza agli antibiotici o la produzione di batteriocidine. Talvolta i plasmidi possono integrarsi nel cromosoma e successivamente tornare indipendenti; in tal caso prendono il nome di episomi. I plasmidi possono essere trasmissibili o non trasmissibili. Il trasferimento dei plasmidi da un batterio ad un altro aumenta la variabilità genetica individuale dei batteri, compresa la possibilità di acquisire la resistenza in seguito allo scambio di plasmidi. Non tutte le specie batteriche possiedono plasmidi.

Strutture esterne
Membrana plasmatica – È spessa circa 7,5 nm e si trova tra la parete ed il citoplasma. La struttura è pressoché uguale a quella delle membrane delle cellule eucariotiche, con un doppio strato di fosfolipidi contenente le proteine globulari. Tra le code idrofobe del doppio strato lipidico mancano le molecole steroidee, presenti negli eucarioti, perchè nei batteri c'è già la parete che protegge dalle variazioni osmotiche. Le funzioni della membrana sono indispensabili per la vita del batterio: seleziona la direzione e l'entità degli scambi con l'ambiente; il versante esterno sostiene importanti enzimi, il suo versante interno ospita gli enzimi ossidativi della catena respiratoria per la produzione di energia.
Nei batteri Gram$^+$ la faccia interna della membrana plasmatica presenta i mesosomi, invaginazioni tubulari o vescicolari che protendono nel citoplasma. Contengono più fosfolipidi e meno enzimi ossidativi che la membrana cellulare. I mesosomi intervengono nella duplicazione del DNA e nella separazione delle nuove molecole di DNA e formano setti di separazione per la divisione cellulare; nei batteri sporigeni isolano il materiale genetico nelle prime fasi della sporulazione. I batteri fotosintetizzanti non hanno i mesosomi ma i tilacoidi, invaginazioni che ospitano gli enzimi per la fotosintesi. Nei batteri Gram$^-$ non sono stati identificati mesosomi.

Parete cellulare – Circonda esternamente la cellula. È una struttura resistente e relativamente elastica di 100-250 Å per la protezione meccanica della cellula batterica. Altre funzioni sono: proteggere la cellula dalle variazioni osmotiche; filtrare le macromolecole in transito; cooperare nella riproduzione. La parete esiste in tutti i batteri, manca nei Micoplasmi. Tra i rivestimenti dei batteri Gram$^+$ e dei Gram$^-$ esistono notevoli differenze chimiche e strutturali:
– Batteri Gram$^+$: esiste un unico strato di mureina ed acidi teicoici, separato dalla membrana plasmatica per mezzo del periplasma. La mureina (peptidoglicano o mucopeptide o mucocomplesso) è un glicopeptide formato da molecole di N-acetilglucosammina (NAG) e acido N-acetilmuramico (NAM), alternate a formare lunghe e numerose catene collegate da oligopeptidi; ne deriva un fitto reticolo tridimensionale, tra le maglie del quale vi sono gli acidi teicoici, polimeri di glicerolfosfato o di ribitolfosfato, con funzioni non ancora ben definite.
– Batteri Gram$^-$: vi sono due strati sovrapposti: lo strato interno è simile a quello dei batteri Gram$^+$ ed è composto da mureina, è molto sottile ed è collegato alla membrana cellulare mediante ponti lipoproteici; lo strato esterno, tipico dei batteri Gram$^-$, è costituito prevalentemente da lipopolisaccaridi collegati tra loro da proteine, che attraversano lo spazio periplasmatico. Alla frazione glicidica si deve il potere immunogeno dei Gram$^-$; la frazione lipidica (lipide A) costituisce l'endotossina batterica. Il lipide A, inoltre, forma una struttura rigida che rende la cellula batterica impermeabile a molte sostanze nocive, come antibiotici o disinfettanti. Nello strato esterno si trovano anche le proteine porali (o porine), le quali delimitano dei canali di selezione di sostanze in entrata nella cellula: ad esempio, i Gram$^-$ sono di solito meno sensibili dei Gram$^+$ nei confronti di alcuni antibiotici, perchè le porine ne impediscono l'ingresso; altre porine funzionano come recettori dei batteriofagi. All'interno della parete vi sono anche complessi molecolari di trasporto, responsabili del pompaggio verso l'esterno di sostanze nocive eventualmente penetrate nella cellula. Lo strato interno della parete possiede pompe proteiche di efflusso collegate a proteine periplasmatiche

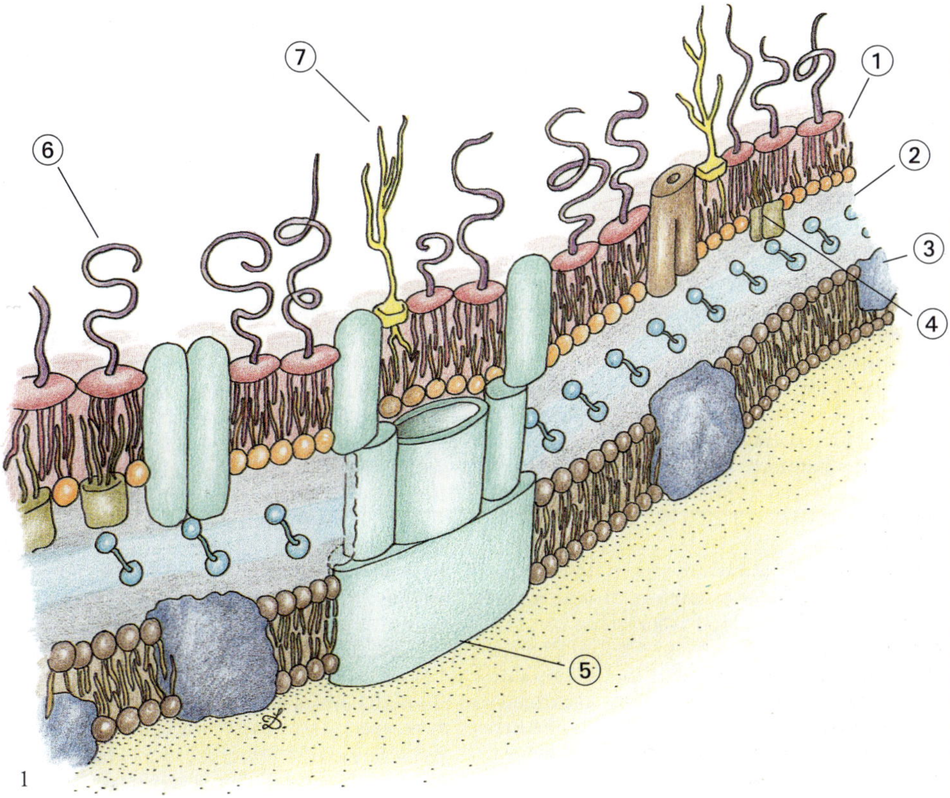

1

1) Strutture esterne dei batteri Gram^{-}:
1. Strato esterno; **2.** Strato interno; **3.** Membrana plasmatica; **4.** Parete lipoproteica; **5.** Complesso porale di trasporto; **6.** Lipopolisaccaride (Lipide A); 7. Glicide.

2a

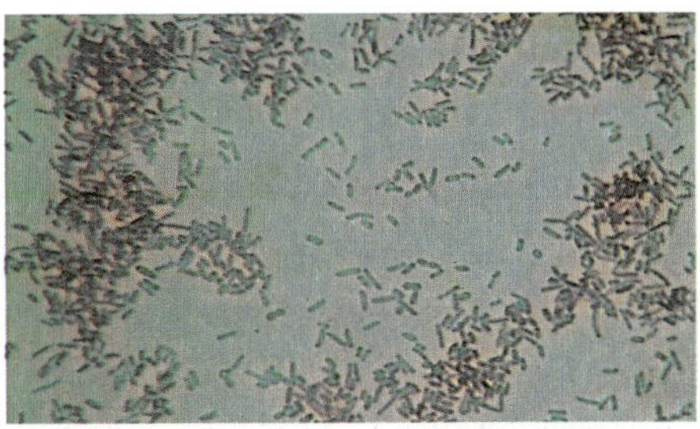

2b

2) Batteri Gram^{-}.
a) Vibrione del colera; **b)** Salmonella.

di fusione, le quali si continuano in canali nello strato esterno; la funzione è di pompare le sostanze direttamente nell'ambiente esterno, per evitare che si accumulino nel periplasma e tornino nuovamente nel citoplasma batterico.
Le differenze strutturali spiegano la diversa colorazione di Gram: i batteri Gram$^+$ trattengono nella parete il cristalvioletto e risultano di colore blu–viola; i Gram$^-$ lo perdono a contatto con l'alcool, pertanto si vedono di colore viola pallido al microscopio ottico.
Molti componenti della parete sono immunogeni e come tali inducono nell'ospite la reazione immunitaria per eliminare i batteri. Il sistema immunitario deve così contrastare un mosaico antigenico, composto da numerosi antigeni. La conoscenza della struttura della parete, oltre che per caratterizzare il tipo antigenico dei batteri, è importante per la terapia, in quanto diversi antibiotici agiscono proprio sui costituenti o sui processi di sintesi della parete.
Capsula – È uno strato di materiale di scarto che circonda la parete batterica. Si evidenzia al microscopio ottico dopo colorazione con l'inchiostro di china oppure con reazioni di precipitazione. Lo spessore della capsula è proporzionale al benessere metabolico, dato che i batteri producono maggiori quantità di materiale capsulare quando si trovano in condizioni ambientali ideali. I batteri dotati di capsula sono più virulenti e si difendono con maggior efficacia dall'attacco del sistema immunitario. La composizione chimica della capsula ha forte potere immunogeno e varia da specie a specie, ma in ogni caso è di natura prevalentemente glicidica. Le molecole della capsula sono "appiccicose" e favoriscono l'adesione tra i batteri; inoltre funzionano da filtro nei confronti di alcune sostanze e ne impediscono il contatto con la parete sottostante.
Flagelli – Sono sottili estroflessioni cilindriche del diametro di circa 17 nm, con origine dal corpo basale situato nel citoplasma, sotto la membrana plasmatica. Si riscontrano soprattutto nei bacilli, nei cianobatteri e in tutte le specie fotosintetizzanti. La flagellina, una proteina elastica che forma tre fibrille elicoidali intrecciate a formare un filamento unico come una cordicella, è l'elemento strutturale dei flagelli. L'ancoraggio del flagello alla membrana cellulare è assicurato dal corpo basale, che nei Gram$^+$ è formato da un doppio disco inserito nello spessore della membrana plasmatica, unito al citoplasma ed alla parete; nei Gram$^-$ invece vi sono due coppie di dischi: una è inserita nella membrana cellulare, l'altra nella parete. In entrambi i casi, il flagello si origina con una curva a gomito, che prosegue verso l'esterno a forma di cilindro. Se c'è energia disponibile, il corpo basale oscilla ed il flagello ruota, grazie al suo gomito, permettendo così il movimento del batterio nel mezzo ambientale.
Pili – Sono piccoli tubi cavi del diametro di 8 nm, che sporgono dalla parete dei batteri Gram$^-$ e di alcune specie Gram$^+$. Sono formati da proteine e svolgono diverse funzioni: ancoraggio dei batteri al substrato o alle cellule; via di ingresso dei batteriofagi filamentosi; scambio di materiale genetico tra batteri nei fenomeni della coniugazione (pili F) e del trasferimento della resistenza agli antibiotici (pili R).
Fimbrie – Sono appendici più sottili dei pili e non sono cave. Mediante le fimbrie, i batteri possono legarsi alle cellule dell'ospite, attraverso specifiche interazioni molecolari. L'importanza delle fimbrie è dunque correlata alla adesività ed alla patogenicità dei batteri.

Tossine batteriche

Le tossine sono sostanze tossiche sintetizzate da alcune specie batteriche per difendersi dall'ospite, il quale subisce danni più o meno gravi; esse sono diverse da specie a specie, ma tutte si comportano come potenti immunogeni perchè stimolano la formazione di anticorpi specifici. Si distinguono due categorie di tossine: le esotossine e le endotossine.
Esotossine – Sono prodotte da alcune specie di batteri Gram$^+$ e vengono secrete all'esterno della cellula batterica; il fatto che le esotossine vengano espulse all'esterno dai batteri ha importanti conseguenze nell'infezione, in quanto possono diffondersi nell'ospite: ad esempio *Clostridium tetani* rimane nella zona di infezione, ma produce una tossina che con il sangue raggiunge il sistema nervoso, dove provoca effetti tossici; perciò anche nel caso di infezioni locali i danni possono manifestarsi a distanza dal sito di infezione. Gli effetti delle tossine sono specifici per determinati organi e strutture corporee. Le esotossine sono proteine, si alterano con il calore (termolabili) e possono essere modificate per ottenere le ana-

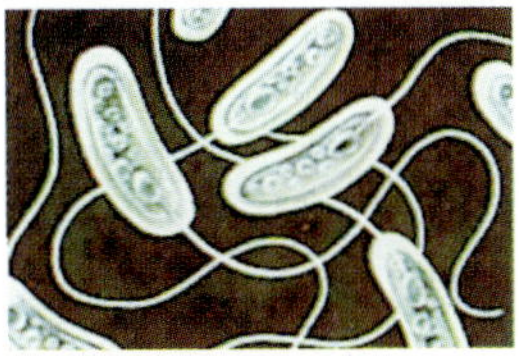

1a

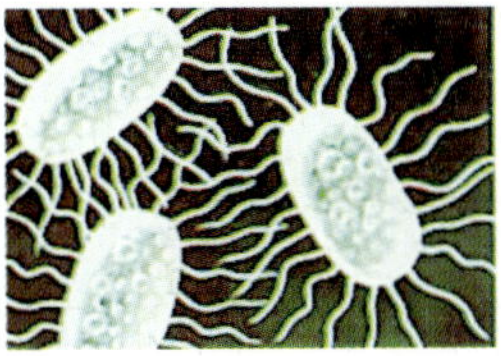

1b

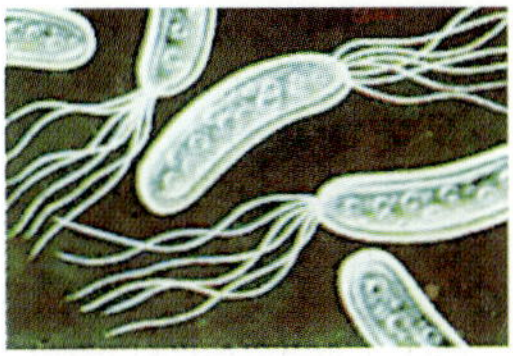

1c

1. Batteri flagellati: **a.** *Vibrio metchnikovii* con un unico flagello polare (monotrico); **b.** *Spirillum serpens* dotato di un ciuffo di flagelli polare (lofotrico); **c.** *Proteus vulgaris* circondato da flagelli (peritrico)

2

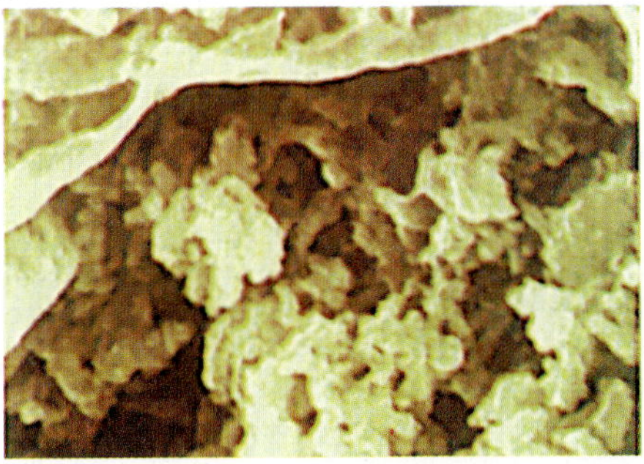

3

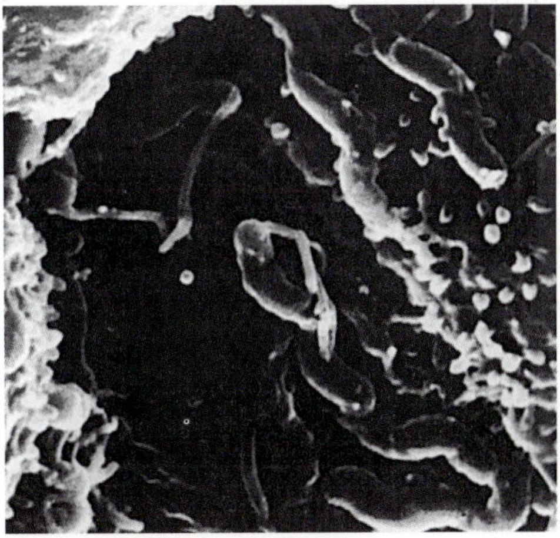

2. Interno di un nodulo radicale. Sono ben visibili i numerosi batteri simbionti del genere Rhizobium.

3. *Helicobacter pylori* sulla superficie della mucosa gastrica di un malato di ulcera.

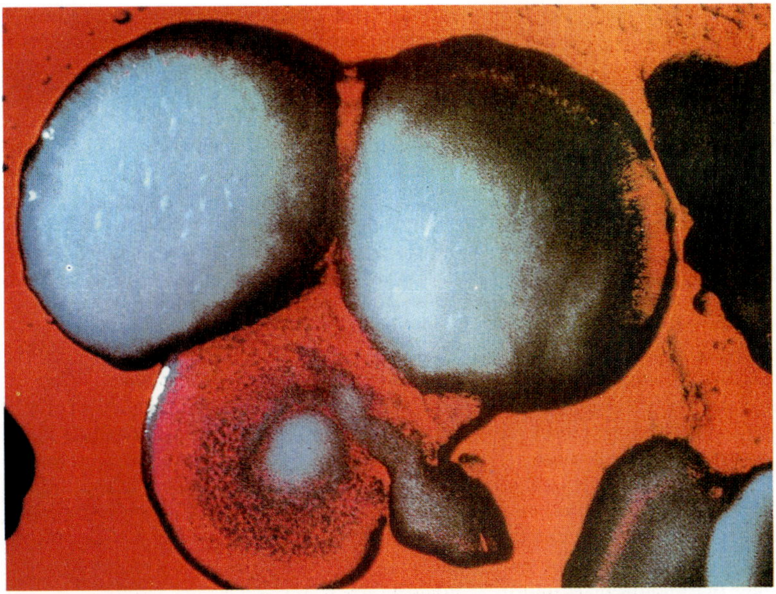

4

4. *Escherichia coli* in un terreno di coltura.

tossine. Le anatossine sono impiegate come vaccini, perchè conservano il potere immunogeno senza provocare i danni delle tossine native; gli anticorpi indotti dall'anatossina bloccano specificamente la tossina, perciò i vaccini contro le malattie provocate dalle tossine batteriche (antitetanica e antidifterica) sono formate dalle anatossine.
Endotossine – Si trovano sulla superficie della parete dei batteri Gram$^-$ e non vengono rilasciate, a meno la cellula batterica non venga distrutta; in qualche caso è stato descritto il rilascio di endotossine all'interno di piccole vescicole. Chimicamente sono costituite da lipopolisaccaridi associati a proteine; la frazione lipidica è responsabile della tossicità.
Rispetto alle esotossine, le endotossine sono più resistenti al calore e non possono essere trasformate in anatossine; esercitano l'azione tossica in modo aspecifico, nel senso che gli effetti sono indipendenti dalla specie batterica e si manifestano in modo generalizzato, non mirato a un determinato organo o apparato. Le endotossine sono coinvolte anche nella dissociazione S-R, quando le colonie di aspetto liscio (S, da smooth) diventano rugose (R, da rough): nei batteri delle colonie R le endotossine sono modificate, ma non perdono la tossicità.

I cianobatteri
I cianobatteri (o alghe azzurre o cianoficee) comprendono 500-1500 specie di procarioti fotosintetizzanti. La forma può essere coccoide, a spirale o filamentosa, con cellule singole unite alle estremità. La struttura di base è simile a quella dei batteri, ma con dimensioni ridotte e senza flagelli; sono presenti i ribosomi. La parete cellulare è costituita da mureina e acido diaminopimelico. I cianobatteri sono tutti Gram$^-$.
Dal punto di vista metabolico, i cianobatteri utilizzano la fotosintesi ossigenica, con la quale liberano O_2 nell'ambiente, al contrario dei batteri fotosintetizzanti, che operano la fotosintesi anossigenica (senza liberazione di O_2). L'apparato fotosintetico dei cianobatteri non è delimitato da membrane, ma è localizzato su lamelle sovrapposte, dette tilacoidi, derivanti dalla membrana cellulare. Nei tilacoidi vi sono i pigmenti fotosintetici che catturano l'energia solare per la sintesi dei composti organici. I pigmenti sono di due tipi, liposolubili e idrosolubili, e sono associati a proteine di sostegno appoggiate sui tilacoidi. I pigmenti liposolubili più diffusi sono la clorofilla a, i carotenoidi e le xantofille. I pigmenti idrosolubili sono le ficobiline, tra le quali vi sono la ficoeritrina e la ficocianina; sono responsabili delle diverse colorazioni delle alghe azzurre, che variano dal grigio al rosso. L'energia catturata dai pigmenti è impiegata durante la fase oscura della fotosintesi per produrre un polisaccaride simile al glicogeno.
Alcune specie lacustri e marine possiedono vacuoli gassosi in numero variabile sparsi nel citoplasma. I vacuoli servono per regolare il galleggiamento entro i 5 metri superficiali dell'acqua, dove la luce è più intensa.
I cianobatteri si riproducono per scissione e formano colonie piatte o filamentose rivestite da una guaina glicoproteica; alcuni tipi formano spore resistenti, chiamate acineti.
La diffusione nell'ambiente è ampia: i cianobatteri colonizzano sia le acque dolci, sia quelle salate e l'ambiente terrestre, purchè il grado di umidità sia compatibile con la loro sopravvivenza. Le condizioni ottimali per la crescita sono temperature comprese tra 15 e 30 °C, pH tra 6 e 9, assenza di vento e disponibilità di azoto e fosforo. Se si realizzano queste condizioni, i cianobatteri danno luogo a "fioriture" che ricoprono vaste superifici acquatiche o terrestri. Alcuni cianobatteri formano licheni in simbiosi con i funghi, altri vivono in simbiosi con coralli e molluschi.
Le alghe azzurre producono una vasta gamma di sostanze di difesa contro eventuali attacchi da parte di organismi che condividono il medesimo habitat; in particolare, sintetizzano citotossine che riducono la riproduzione degli animali che si nutrono di alghe azzurre ed in alcuni casi sono letali. Tra queste sostanze, le neurotossine e le epatotossine provocano la morte rispettivamente per paralisi respiratoria e per collasso circolatorio. I ceppi velenosi sono responsabili di morìe di animali, ma c'è il sospetto che in caso di contaminazione delle acque possano agire anche sull'uomo. Diversi esperimenti in vitro e su animali hanno infatti dimostrato che dosi subletali, soprattutto di epatotossine, contribuiscono allo sviluppo di tumori, accelerando la crescita di neoplasie preesistenti.

1
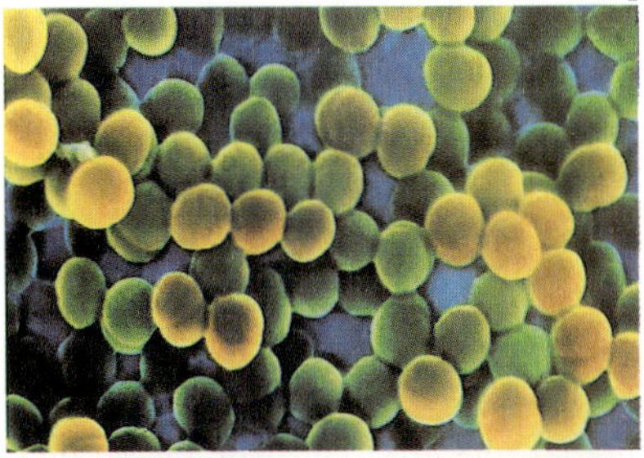

2
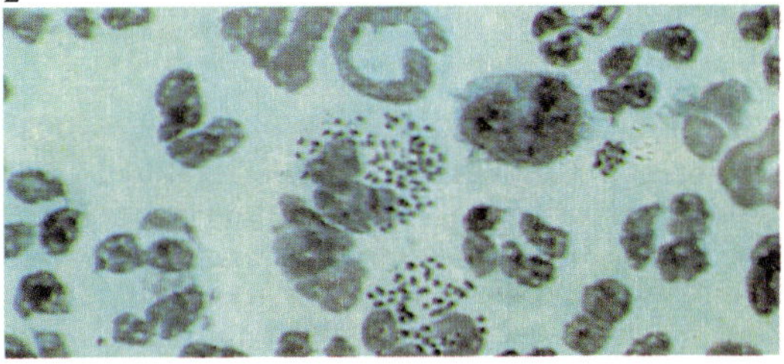

1. *Staphilococcus aureus* (Gram⁺) al microscopio elettronico a scansione.

2. *Neisseria gonorrheae* (Gram⁻) all'interno di granulociti nel pus.

3
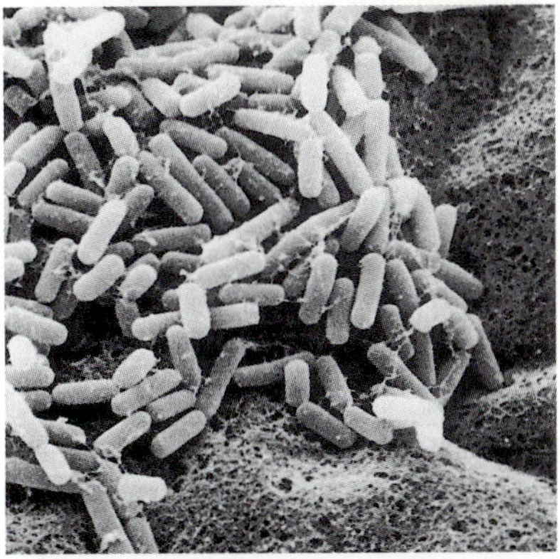

4
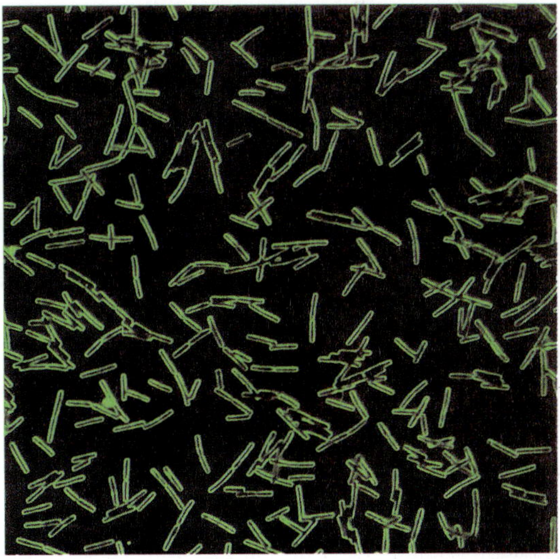

5
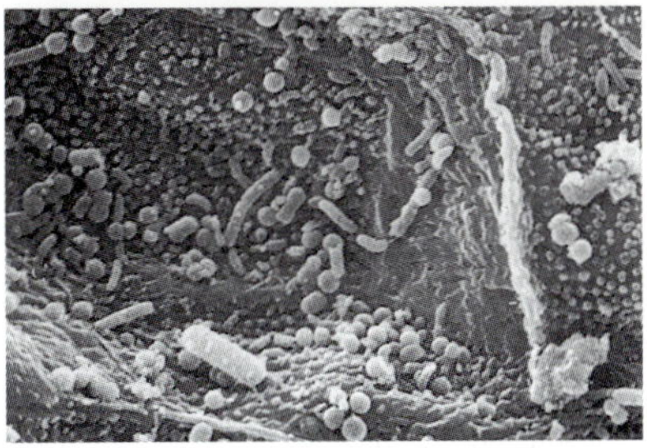

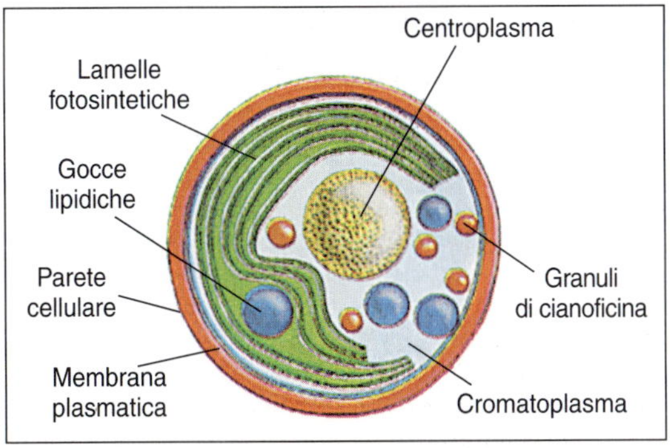

6

3. *Escherichia coli* al microscopio elettronico a scansione su terreno nutritivo.

4. Immagine fluorescente di batteri di forma bacillare.

5. Superficie di rumine bovino al microscopio elettronico a scansione: si notano molti batteri di forma coccoide e bastoncellare.

6. Struttura schematica di alga azzurra.

Il metabolismo dei batteri

Il metabolismo comprende tutte le reazioni che portano alla produzione di energia (catabolismo) ed alla costruzione di nuove molecole (anabolismo). I batteri hanno elaborato diverse vie metaboliche per procurarsi l'energia per sintetizzare nuovi composti, per muoversi o per riprodursi e, in base alle fonti energetiche, si distinguono batteri autotrofi e eterotrofi.
I batteri autotrofi costruiscono i composti organici a partire da sostanze inorganiche, con un elevato dispendio di energia; i batteri fotosintetici ricavano l'energia necessaria dalla luce, i batteri chemiolitotrofi la ottengono dalla demolizione di composti inorganici.
I batteri eterotrofi ricavano l'energia dalla demolizione dei composti organici formati da altri organismi. Gli eterotrofi comprendono i batteri aerobi, che crescono in presenza di ossigeno, ed i batteri anaerobi, che vivono in assenza di ossigeno. Tra queste due situazioni estreme esistono microrganismi che crescono in condizioni intermedie.

Metabolismo dei batteri eterotrofi

La glicolisi
La glicolisi (o ciclo di Embden-Meyeroff) è il ciclo biochimico maggiormente utilizzato dalla cellula per procurarsi energia chimica. Inizia dal glucosio che, introdotto nella cellula, è subito trasformato in glucosio-6-fosfato (G6P). In questa forma il glucosio possiede maggiore energia e può essere metabolizzato più facilmente. Il G6P viene trasformato, attraverso 8 reazioni enzimatiche, in 2 molecole di acido piruvico, composto di 3 atomi di carbonio che rappresenta il prodotto terminale del ciclo. Nel corso di questa fase la cellula ottiene 2 molecole di ATP e riduce 2 molecole di NAD^+ a $NADH + H^+$, che potrà riossidare attraverso altre reazioni di ossido-riduzione.
Nei batteri aerobi, l'acido piruvico può essere impegnato in reazioni anaboliche oppure può essere ulteriormente demolito per ottenere altra energia; negli anaerobi può diventare il substrato per i processi fermentativi.
La reazione complessiva della glicolisi è:

glucosio + $2ADP + 2H_3PO_4 + 2NAD^+ \rightarrow$ 2Ac. piruvico + $2ATP + 2\,(NADH + H^+) + 2H_2O$

Questa fase non necessita di ossigeno, perciò è definita anche fase anaerobia della glicolisi. Il metabolismo aerobio consente di ottenere altro ATP attraverso la demolizione dei prodotti della glicolisi nei cicli delle ossidazioni terminali: il ciclo di Krebs e la catena respiratoria.

Il ciclo di Krebs
La reazione preliminare all'inizio del ciclo di Krebs consiste nella decarbossilazione dell'ac. piruvico, con liberazione di CO_2 e formazione di acetile; grazie alla piruvato deidrogenasi, questo è unito al coenzima A e forma l'acetil-coenzima A, che inizia il ciclo di 8 reazioni di decarbossilazioni e ossidoriduzioni, secondo la reazione complessiva:

$$AcetilCoa + 3NAD^+ + FAD + GDP \rightarrow 2CO_2 + CoA + 3(NADH + H^+) + GTP + FADH_2$$

I prodotti del ciclo di Krebs sono:
- Molecole ad alta energia (GTP) e coenzimi ridotti (NADH e $FADH_2$), che la cellula riossida nella catena respiratoria per produrre ATP; il prodotto collaterale di scarto è l'anidride carbonica.
- Intermedi metabolici da impiegare in altre vie metaboliche.

Il ciclo di Krebs si realizza in tutti i batteri aerobi sulla faccia interna della membrana cellulare, sede degli enzimi specifici. L'ossigeno attiva il ciclo, anche se non è direttamente implicato nelle reazioni.

La catena respiratoria
La catena respiratoria è formata da proteine enzimatiche associate a coenzimi capaci di trasportare ioni idrogeno ed elettroni fino all'accettore finale, che negli aerobi è l'ossigeno, il quale è ridotto ad acqua. Scopo della catena respiratoria è produrre l'ATP. I componenti della catena si trovano sul versante interno della membrana plasmatica e sono ordinati in modo che ognuno accetti ioni H^+ o elettroni dal precedente e li ceda al successivo secondo una sequenza precisa di ossidoriduzioni.

1
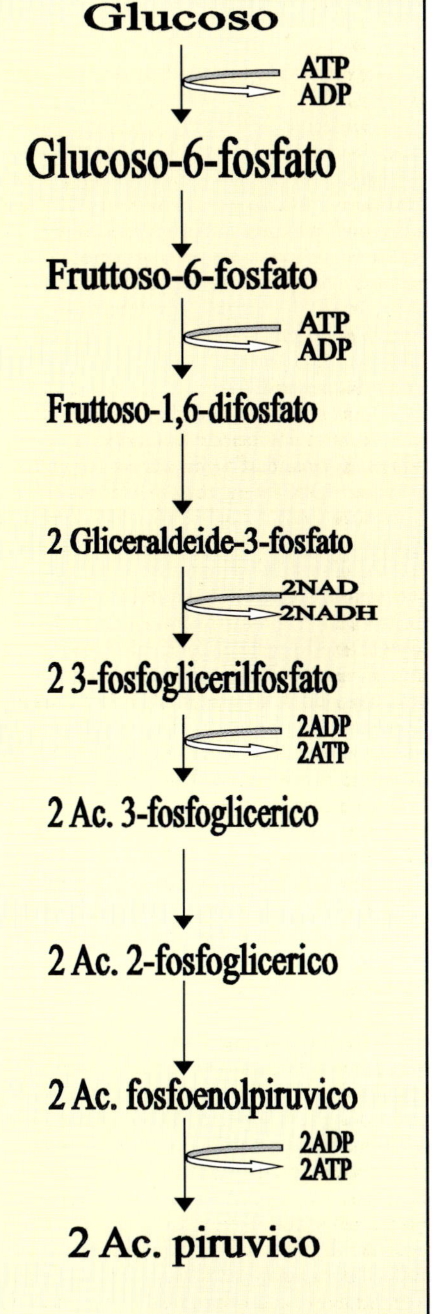

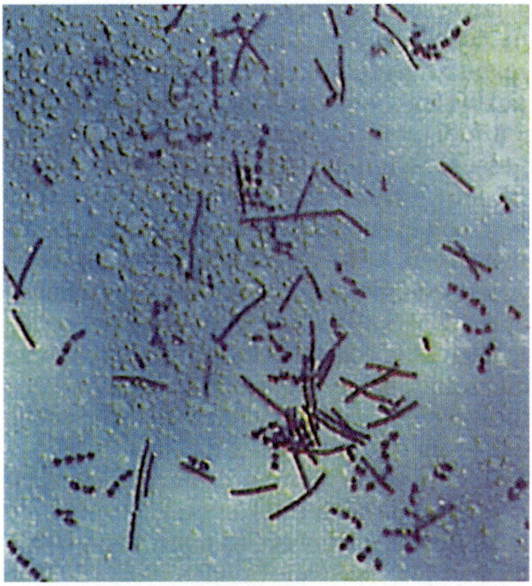
2a

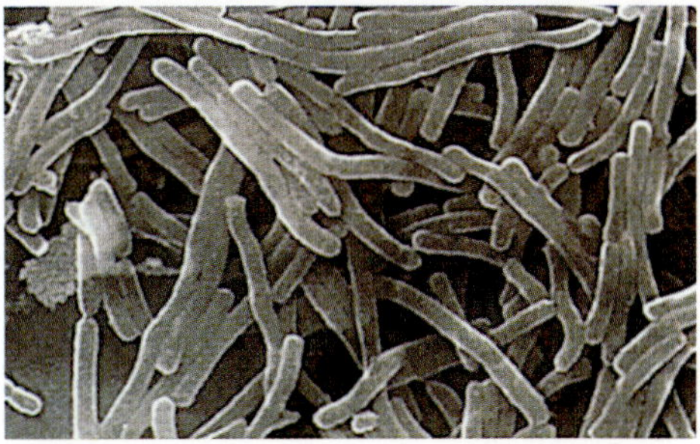
2b

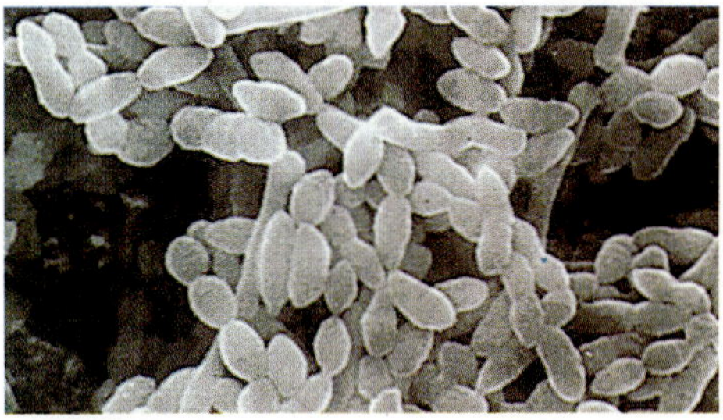
2c

1. Schema della glicolisi

2. Batteri della fermentazione lattica. **a.** Osservati al microscopio ottico (lactobacilli e streptococchi); **b.** Lactobacilli (al microscopio elettronico a scansione); **c.** Streptococchi (al microscopio elettronico a scansione)

Nelle ossidoriduzioni della catena respiratoria sono riossidati i coenzimi ridotti formatisi nelle reazioni di demolizione, pertanto la catena respiratoria rappresenta il ciclo di convergenza di tutto il catabolismo.
Il trasferimento degli ioni idrogeno e degli elettroni è favorito dal fatto che gli elementi della catena respiratoria sono disposti in ordine crescente di energia potenziale di ossidoriduzione, di modo che presentano progressivamente maggior affinità nei confronti degli elettroni. Di conseguenza gli H^+ e gli elettroni possono trasferirsi facilmente da un composto a potenziale minore al composto successivo con potenziale maggiore, perchè quest'ultimo li accetta più facilmente. Durante i trasferimenti si libera una certa quota di energia, che in tre di queste reazioni redox è sufficiente per formare l'ATP. L'accoppiamento tra le ossidoriduzioni e la sintesi dell'ATP prende il nome di fosforilazione ossidativa.
La quantità di ATP prodotta nella catena respiratoria è regolata dalla richiesta energetica da parte della cellula batterica, dalla quantità dei substrati (ADP e acido fosforico) e dall'attività dell'adenosintrifosfatasi (ATPasi), il complesso enzimatico che accoppia la liberazione dell'energia lungo la catena respiratoria con la sintesi dell'ATP.

Bilancio energetico della glicolisi
La completa demolizione del glucosio si può riassumere nella reazione:

$$C_6H_{12}O_6 + 6O_2 \rightarrow 6CO_2 + 6H2O + \text{Energia chimica}$$

È possibile calcolare la quota di energia che la cellula riesce a ricavare, senza tener conto delle "deviazioni" dei metaboliti verso altri cicli, considerando l'intera demolizione del glucosio come se fosse un'unica, isolata via metabolica. Per ogni molecola di glucosio demolita si formano:

- Durante la glicolisi:
  - 2 molecole di ATP. In realtà se ne formano 4, ma 2 sono consumate per fosforilare il glucosio e il fruttosio-6-fosfato;
  - 2 NADH + H^+, che sono poi riossidati nella catena respiratoria con la sintesi di 6 molecole di ATP.
- Nella decarbossilazione dell'ac. piruvico:
  - 2 NADH + H^+, che sono riossidati con produzione di altre 6 molecole di ATP.
- Durante il ciclo di Krebs:
  - 2 molecole di GTP;
  - 6 molecole di NADH + H^+, che sono riossidati con produzione di 18 molecole di ATP;
  - 2 molecole di $FADH_2$, che sono anch'esse riossidate con una resa di 4 molecole di ATP.

In totale si producono 38 moli di ATP. Al termine della glicolisi si formano 2 molecole di acido piruvico, che proseguono nella via metabolica, pertanto i prodotti collaterali (ATP, NADH, $FADH_2$) risultano in quantità doppia per ogni ciclo.

Ciclo dei pentosi
Il ciclo dei pentosi è alternativo alla glicolisi per produrre intermedi metabolici e coenzimi ridotti da riossidare nella catena respiratoria e produrre ATP. Inizia con la fosforilazione del glucosio a G6P, il quale è ossidato con produzione di un pentoso (glicide a 5 C), di CO_2 e di NADPH + H^+. Il pentoso è sottoposto ad una serie di reazioni in equilibrio con produzione di altri glicidi-fosfati, alcuni dei quali sono reinseriti nella glicolisi, altri sono precursori di amminoacidi aromatici, altri ancora intervengono nella sintesi degli acidi nucleici.
La regolazione del ciclo dei pentosi è dovuta all'ossigeno, che funziona da attivatore, e all'attività degli enzimi che catalizzano le reazioni in base alle necessità cellulari.

Cicli alternativi alla glicolisi
Via di Entner-Doudoroff – Si realizza in *Pseudomonas* e generi affini, con formazione di NADP ridotto, ac. piruvico e gliceraldeidefosfato.
Via della fosfochetolasi – È tipica dei lattobacilli eterofermentanti e di *Acetobacter*; produce eritroso-4-fosfato, che entra nel ciclo dei pentosi; ac. piruvico, destinato al ciclo di Krebs; acetilfosfato, che è trasformato in acetilCoA.
Ciclo del gliossilato – Si attiva quando il batterio cresce su substrati a 2 C e perciò non può produrre sufficienti quantità di acido piruvico, che ha 3 C e dà l'avvio al ciclo di Krebs. L'isocitratoliasi e la malatosintetasi permettono di produrre metaboliti a 4 C per altri cicli, di consumare substrati a 2 C (acetilCoA) e di formare coenzimi ridotti da riossidare nella catena respiratoria per la sintesi di ATP.

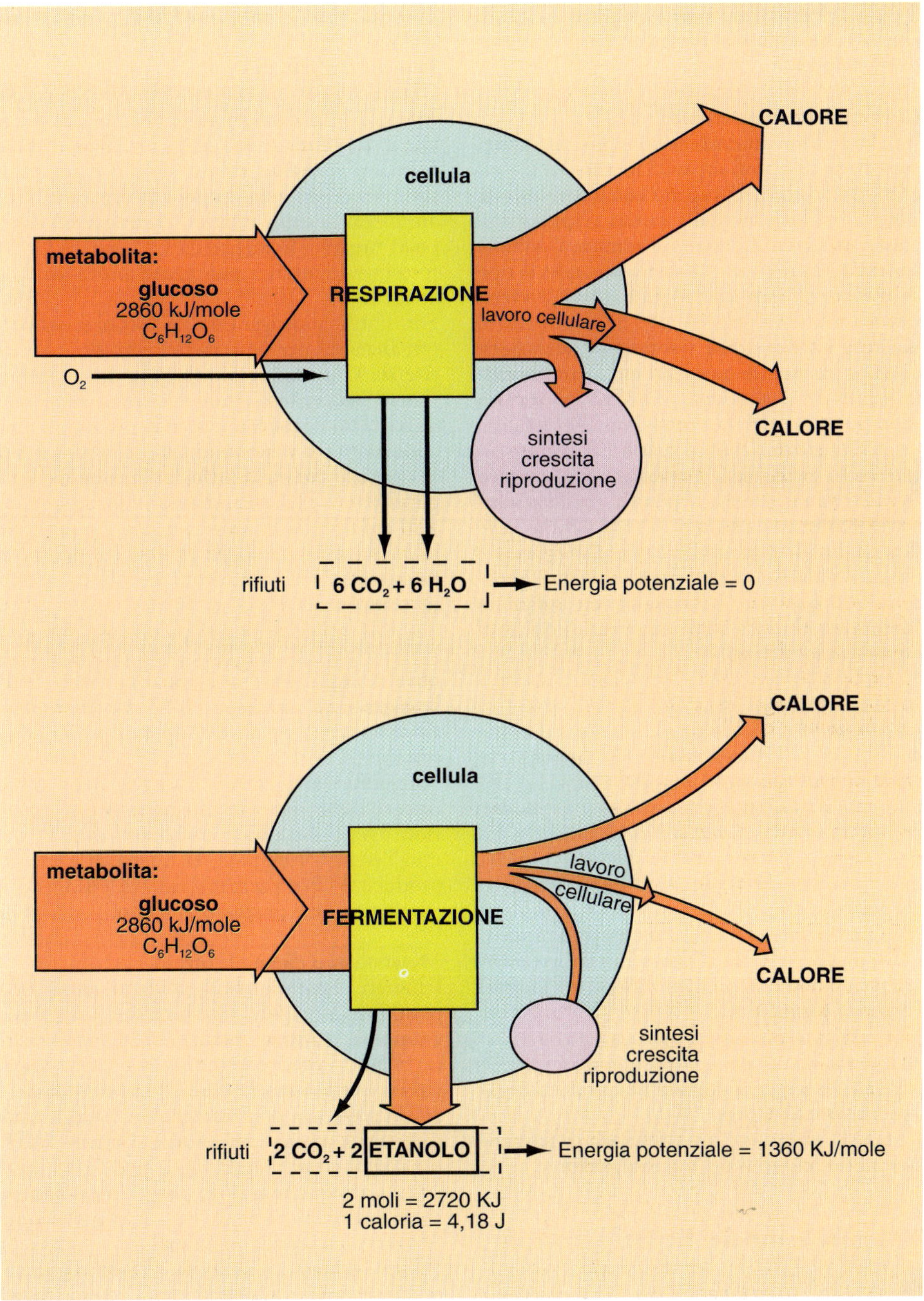

Confronto tra la respirazione e la fermentazione

Il ciclo del gliossilato non sostituisce il ciclo di Krebs, che viene comunque completato a ritmo ridotto.

La respirazione anaerobica

Il metabolismo anaerobico consente di ricavare energia da composti organici in assenza di ossigeno. Al posto dell'ossigeno come accettore di elettroni al termine della catena respiratoria i batteri anaerobi utilizzano il nitrato, il solfato, l'anidride carbonica o il ferro, secondo il tipo di microrganismo. Il nitrato (NO_3^-) viene ridotto a nitrito (NO_2^-), che in alcuni casi il nitrito è ulteriormente ridotto con liberazione di azoto gassoso (denitrificazione). Batteri denitrificanti *(Pseudomonas, Bacillus)* si trovano soprattutto nel terreno, tuttavia anche altri batteri *(Escherichia coli)* riducono il nitrato in carenza di ossigeno. Il metabolismo anaerobico fornisce minor energia rispetto a quello aerobico, ma consente ai batteri di sopravvivere nelle diverse condizioni ambientali. *Desulfovibrio* riduce il solfato a solfito, che a sua volta è ancora ridotto a solfuro. I metanobatteri utilizzano l'anidride carbonica come accettore di elettroni e producono metano.

Le fermentazioni

La fermentazione consiste nella riossidazione del NADH + H^+ (o NADPH) accoppiata alla riduzione di composti organici, anzichè alla catena respiratoria; i composti organici derivano quasi sempre dal metabolismo cellulare. La resa energetica è nettamente inferiore a quella del metabolismo anaerobio per i seguenti motivi:

- Il ciclo di Krebs è rallentato e spesso non si completa, cosicchè diventa un serbatoio di intermedi metabolici da utilizzare in altri cicli biochimici.
- La catena respiratoria è inattiva.
- La demolizione dei composti è incompleta e quindi l'energia contenuta nei prodotti organici terminali è persa.

La tabella riassume i tipi principali di fermentazioni riscontrabili nei microorganismi.

Metabolismo dei batteri autotrofi

Gli autotrofi trasformano i composti inorganici in composti organici, utilizzando l'ATP prodotto con la fotosintesi o il metabolismo chemiolitotrofo.

Fotosintesi batterica

I batteri fotosintetizzanti catturano l'energia luminosa e la trasformano in energia chimica, che è accumulata nell'ATP; parallelamente si formano coenzimi ridotti. L'ATP e coenzimi sono impiegati nelle reazioni di organicazione, attraverso le quali i batteri costruiscono composti organici a partire da CO_2 ed H_2O. La fotosintesi batterica può essere anossigenica o ossigenica.

Fotosintesi anossigenica – Si riscontra nei batteri anaerobi per sintetizzare carboidrati a partire da CO_2 senza produzione di ossigeno. Questi batteri hanno un solo fotosistema con la batterioclorofilla, che è il pigmento più abbondante. La fase luminosa della fotosintesi batterica è ciclica (fotofosforilazione ciclica): gli elettroni della batterioclorofilla sono spostati dai fotoni luminosi e, dopo aver percorso la catena redox, vi fanno ritorno e riportano il fotosistema nelle condizioni iniziali. La reazione complessiva è

$$nCO_2 + 2H_2A + \text{luce} \rightarrow C_n(H_2O)_n + 2A$$

dove A rappresenta una sostanza diversa dall'ossigeno, ad esempio lo zolfo. La fotoossidazione recupera gli elettroni persi dal fotosistema.

Fotosintesi ossigenica – Avviene nei Cianobatteri, nelle alghe verdi e nelle piante superiori. Dopo che i due fotosistemi hanno catturato l'energia luminosa, la catena di elettroni produce ATP e coenzimi ridotti; l'ossigeno è eliminato come prodotto di scarto.

Metabolismo chemiolitotrofo

I batteri chemiolitotrofi (o chemioautotrofi) ossidano molecole inorganiche (idrogeno, ammoniaca, nitriti, solfati) e formano coenzimi ridotti, i quali entrano in una catena respiratoria per la riossidazione. Durante il passaggio in sequenza degli idrogenioni e degli elettroni nella catena respiratoria, si forma l'ATP per l'organicazione della CO_2.

Tra i batteri chemiolitotrofi, i nitrobatteri sono molto importanti nel ciclo dell'azoto; *Nitrosomonas* ossida l'ammoniaca a nitrito, il quale è ossidato a nitrato da *Nitrobacter*; in tal modo il terreno si arricchisce di nitrati, particolarmente utili alle piante superiori.

Tipo	Substrato	Prodotti	Produttore	Resa (moli ATP)	Impiego
Alcoolica	Ac. piruvico	Etanolo, NAD, CO_2	*Saccharomyces cerevisiae*	20	Panificazione, produzione di alcool e bevande alcooliche
Eterolattica	Ac. piruvico	Ac. acetico, etanolo, CO_2	*Streptococcus, Pediococcus, Lactobacillus*	2	Produzione di burro, formaggi, yogurth, crauti
Omolattica	Ac. piruvico	Ac.lattico	*Streptococcus, Pediococcus, Lactobacillus*	1	Produzione di burro, formaggi, yogurth, crauti
Propionica	Ac. piruvico	Ac. propionico, acetico, succinico, CO_2	*Propionibacterium*	2	Industria casearia
Butirrica	Ac. piruvico	Ac. butirrico, CO_2, H_2	*Clostridium*	2	Produzione di ac. butirrico; dannosa per l'industria alimentare

Tabella delle fermentazioni

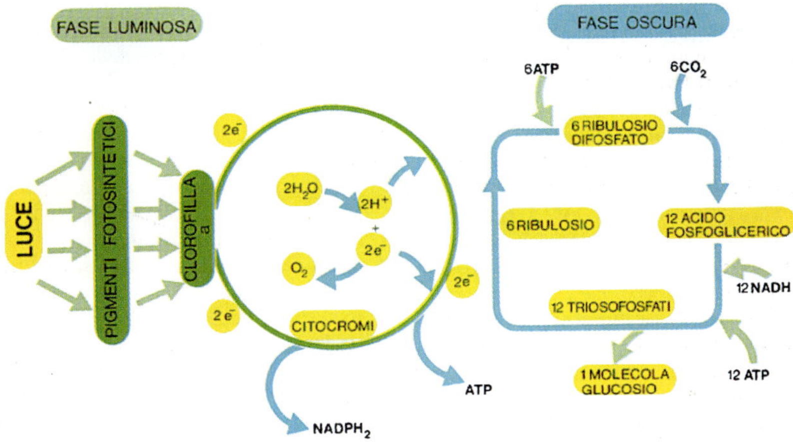

Schema della fotosintesi ossigenica (Alghe azzurre)

I batteri fotosintetizzanti.

Famiglia	Caratteristiche	Pigmenti	Composti fotoossidati	Prodotti terminali
Chlorobiaceae	Batteri verdi; anaerobi stretti	Batterioclorofilla a	Acido solfidrico, solfiti	Zolfo elementare
Chromatiaceae	Batteri rossi sulfurei anaerobi stretti	Batterioclorofilla a Batterioclorofilla b Carotenoidi	Acido solfidrico	Solfati
Rhodospirillaceae	Batteri rossi non sulfurei; fotoeterotrofi	Batterioclorofilla a Batterioclorofilla b Carotenoidi	Acidi organici, amminoacidi, alcooli, acido solforico	Prodotti di ossidazione
Chloroflexaceae	Batteri verdi sulfurei; fotoeterotrofi	Batterioclorofilla a Batterioclorofilla b	Composti a base di zolfo; composti organici	Zolfo elementare

Tabella dei batteri fotosintetizzanti (fotosintesi anossigenica)

Cicli di biosintesi

Sintesi del DNA

La sintesi del DNA è necessaria per duplicare il genoma, che con la divisione cellulare sarà distribuito equamente alle due cellule-figlie, in modo che queste abbiano le medesime informazioni geniche della progenitrice. La sintesi del DNA serve anche per riparare i danni dei geni.
La disponibilità di nucleotidi è essenziale per la sintesi del DNA; alcune specie batteriche li sintetizzano da composti più semplici (glucosio, ioni ammonio, sali), altre non sanno produrli e pertanto devono trovarli preformati nel mezzo. In ogni caso, i nucleotidi sono dapprima attivati con una doppia fosforilazione e poi sono montati su un filamento di DNA, secondo il modello semiconservativo, come avviene in tutti gli esseri viventi: i ponti idrogeno tra i due filamenti si rompono e la doppia elica del DNA si apre; su ciascun filamento le nuove basi azotate sono accoppiate alle basi preesistenti, rispettando le coppie A-T e G-C. Le nuove molecole di DNA risultano identiche tra loro ed alla originaria, poiché sono formate da un filamento "vecchio" (lo stampo) e da uno "nuovo" che è stato costruito da appositi enzimi. La duplicazione del cromosoma batterico richiede due centri di polimerizzazione associati alla membrana cellulare e contenenti DNA-polimerasi, endonucleasi e altri enzimi. Ogni centro apre la doppia elica del DNA e inserisce nuovi nucleotidi in direzione 5'-3'; scorrendo nei due centri di polimerizzazione, il cromosoma viene duplicato.

Sintesi delle proteine

La sintesi proteica è l'espressione del programma genetico. Le proteine prodotte con questo ciclo metabolico possono essere strutturali oppure enzimatiche: le prime compongono gli elementi cellulari, le altre controllano il metabolismo. I meccanismi di sintesi sono simili nei procarioti e negli eucarioti e le differenze maggiori riguardano i sistemi di regolazione della sintesi. In ogni caso gli amminoacidi sono aggiunti in sequenza, secondo la sequenza dei nucleotidi dell'RNAm, che a sua volta corrisponde alla sequenza dei nucleotidi del DNA. La sintesi proteica si compone di due fasi: trascrizione e traduzione.

Trascrizione
La sequenza nucleotidica di un gene è trascritta su una molecola di RNAm: la doppia elica del DNA del gene si apre e su un filamento (elica-stampo) una RNA-polimerasi DNA-dipendente costruisce l'RNAm. La RNA polimerasi batterica è formata da 5 subunità: due alfa, due beta ed una sigma ($\alpha_2\beta\beta'\sigma$). La trascrizione si realizza in tre fasi:

1. Inizio: la subunità s della polimerasi si lega al promotore, una sequenza di basi situata subito prima del gene, e forma un complesso stabile. Con l'inizio della trascrizione, la subunità s si stacca.
2. Polimerizzazione dell'RNAm: le altre quattro subunità della polimerasi aggiungono nuovi nucleotidi e allungano la molecola di RNAm fino alla sequenza termine, situata alla fine del gene, che rappresenta il segnale di stop della trascrizione.
3. Termine della trascrizione: la polimerasi si allontana dal gene e l'RNAm neosintetizzato si stacca dall'elica di DNA.

L'RNAm trascritto è un'elica a filamento singolo ed i nucleotidi sono ordinati secondo la sequenza del DNA, perchè le basi sono state accoppiate in modo specifico: A-U, T-A, G-C e C-G (la prima lettera di ogni coppia indica le basi del DNA). Dopo essersi staccato dal DNA, nel citoplasma l'RNAm si associa ai ribosomi per formare il polisoma (o poliribosoma) e iniziare la traduzione.

Traduzione
La sequenza dei nucleotidi dell'RNAm è tradotta in sequenza di amminoacidi della proteina, secondo le tre regole basilari del codice genetico:

1. Ogni amminoacido è codificato da una tripletta di nucleotidi dell'RNAm.
2. Le triplette sono lette di seguito senza interruzione.
3. Ogni tripletta può codificare solo uno dei 20 amminoacidi.

Nella traduzione intervengono l'RNAm, gli

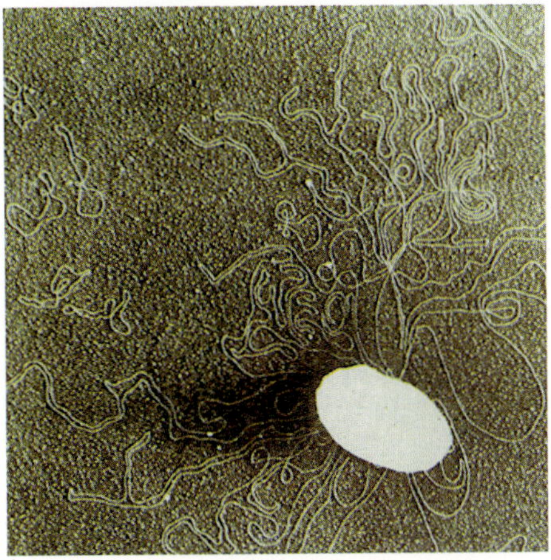

1

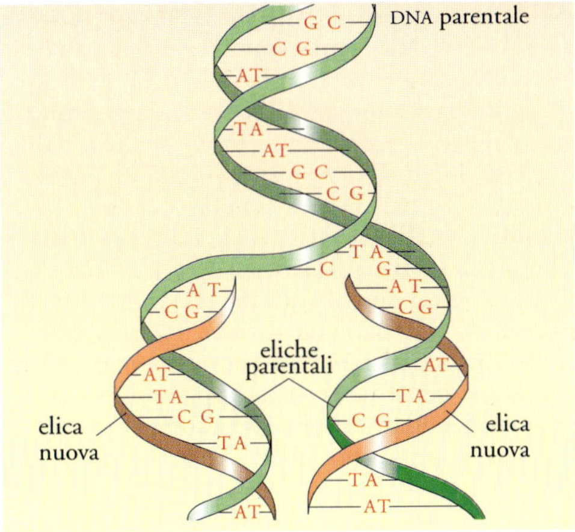

3

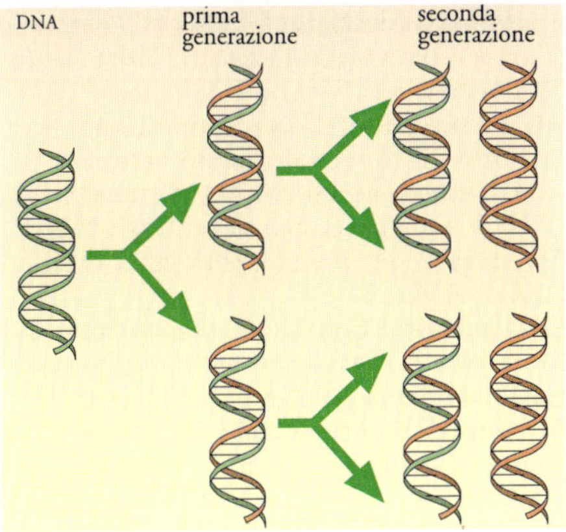

2

1. Il cromosoma del batterio *Escherichia coli* fotografato al microscopio elettronico. (D.R.)

2. Schema del modello semiconservativo della duplicazione del DNA.

3. Duplicazione della doppia elica di DNA.

4. Trascrizione del DNA in RNAm.

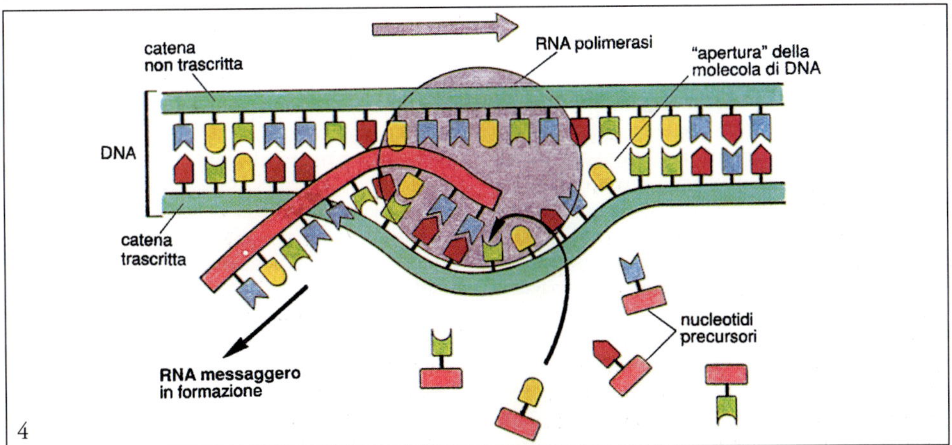

4

RNAt ed i ribosomi. Come l'RNAm, anche l'RNAt e l'RNAr sono sintetizzati dalla polimerasi su sequenze specifiche del DNA. Gli RNA di trasferimento (RNAt) rappresentano gli anelli di congiunzione tra la sequenza di nucleotidi dell'RNAm e la sequenza di amminoacidi della proteina da sintetizzare, poiché si legano a specifici amminoacidi e li trasportano sul poliribosoma. All'estremo 3' dell'RNAt c'è il sito di legame per l'amminoacido; opposta a questo c'è una tripletta di basi, l'anticodone, che si appaia alle tre basi complementari sull'RNAm, dette codone. L'appaiamento codone-anticodone consente di sistemare correttamente gli amminoacidi nella sequenza proteica. Il complesso amminoacil-RNAt si porta sul polisoma e, a livello di un ribosoma, accoppia l'anticodone al codone sull'RNAm. I ribosomi permettono la lettura delle triplette dell'RNAm, formano i legami peptidici tra gli amminoacidi e sostengono la proteina in via di sintesi; la formazione del legame peptidico è opera di enzimi specifici e consuma almeno 3 molecole di ATP.

Anche la traduzione si completa in tre fasi:

1. Inizio: un ribosoma si attacca al segnale di avvio della traduzione, la tripletta AUG dell'RNAm; a questa si accoppia l'anticodone dell'RNAt che trasporta l'amminoacido metionina.
2. Sintesi della proteina: il ribosoma si sposta sull'RNAm di tripletta in tripletta e consente l'appaiamento codone-anticodone, permettendo ad una sola tripletta alla volta l'attacco con il corrispondente RNAt. Ogni volta che il ribosoma si sposta si aggiunge un amminoacido, si forma il legame peptidico e la proteina si allunga.
3. Termine: lo stop della sintesi proteica è dato da una delle tre triplette (UAA, UAG o UGA) che non hanno corrispondenti anticodoni tra gli RNAt: a questo punto il ribosoma si stacca dall'RNAm e contemporaneamente la proteina completa si libera.

Nel citoplasma la proteina può assumere spontaneamente la sua conformazione spaziale e svolgere le funzioni proprie; alcune proteine hanno invece bisogno delle molecole chaperones. Queste molecole proteiche guidano l'assemblaggio delle proteine neosintetizzate, per farle assumere la corretta conformazione e svolgere le proprie funzioni; spesso gli chaperones intervengono sulle proteine da secernere all'esterno della cellula batterica.

Ogni ribosoma costruisce una sola proteina alla volta, tuttavia per esigenze metaboliche può essere necessario produrre rapidamente più copie della stessa proteina; il problema è risolto con i poliribosomi, dove il medesimo RNAm è trascritto in successione da più ribosomi, ognuno dei quali costruisce una copia della proteina. Inoltre, grazie all'assenza della membrana nucleare, nei batteri i ribosomi possono iniziare la traduzione prima che la trascrizione sia effettivamente terminata.

Formazione della parete cellulare

Fase citoplasmatica – Nei batteri Gram$^+$ dapprima si forma il complesso UDP-NAG, derivante dall'unione tra uridintrifosfato (UTP) e N-acetilglucosammina (NAG); il complesso UDP-NAG è il substrato delle seguenti reazioni:

- Aggiunta di fosfoenolpiruvato; si forma l'acido N-acetilmuramico (NAM), che si lega all'UTP e origina il complesso UDP-NAM.
- Aggiunta di un pentapeptide al complesso UDP-NAM.
- Eliminazione dell'UDP, con unione del complesso NAM-pentapeptide a un lipide della membrana cellulare.
- Aggiunta di un pentapeptide di glicina.
- Aggiunta di una molecola di NAG, con formazione del complesso NAG-NAM-pentapeptide-pentaglicina.

Fase extracitoplasmatica – Il lipide della membrana cellulare trasferisce il complesso nella zona di accrescimento della parete; qui avviene la polimerizzazione e la transpeptidizzazione, con formazione di legami crociati tra gli oligopeptidi, che costruiscono la rete tridimensionale della parete cellulare. Gli acidi teicoici, legati al NAM e al NAG, ed altre molecole glicidiche completano la struttura. Poichè all'esterno l'ATP non è disponibile, l'energia per queste reazioni è data dal distacco dell'ultimo residuo di glicina. Nei batteri Gram$^-$ le reazioni di sintesi sono uguali; l'unica differenza è l'aggiunta al NAM del lipopolisaccaride, formato dal lipide A e da una catena glicidica.

La parete cellulare è continuamente trasformata e rimodellata per seguire la crescita cellulare.

1

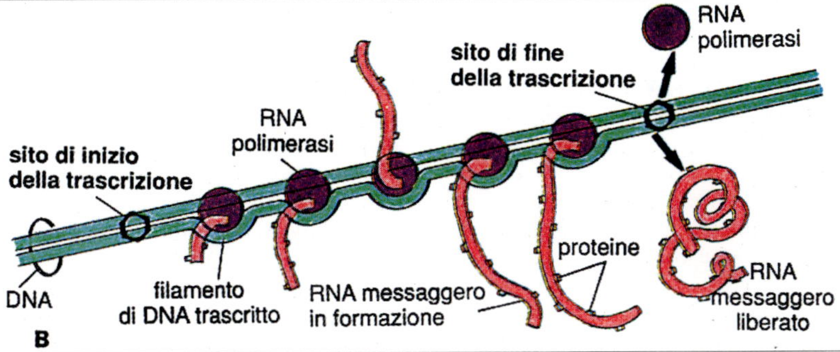

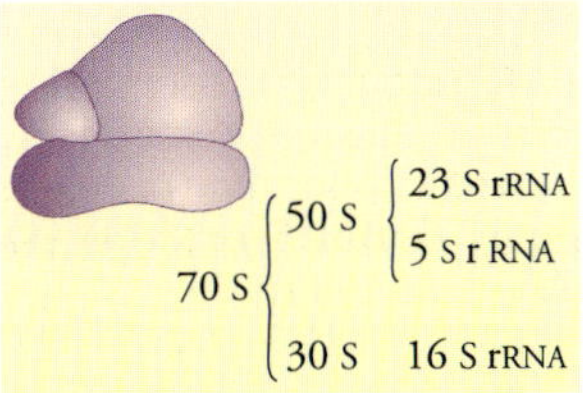

2

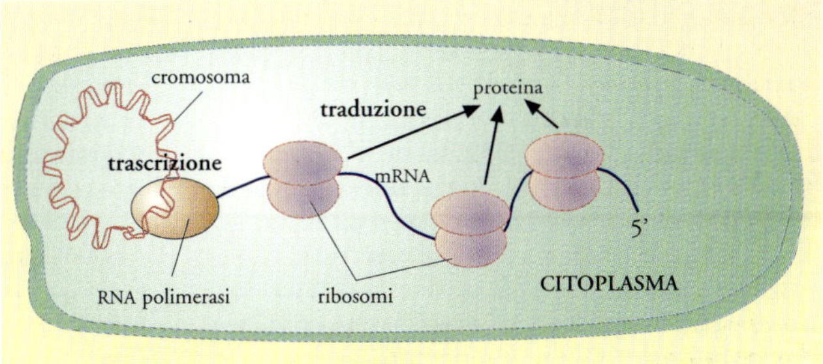

3

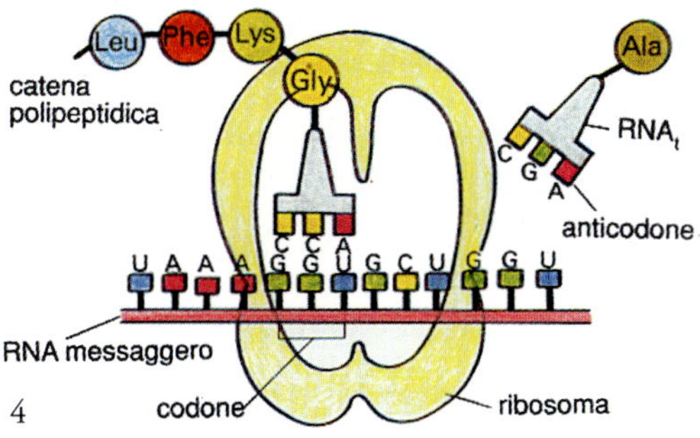

4

1. Schema della trascrizione di un gene operata da più polimerasi

2. Struttura di un ribosoma di batterio.

3. Schema della sequenza di trascrizione e traduzione in una cellula batterica.

4. Traduzione di RNAm all'interno di un ribosoma.

5. Polisoma.

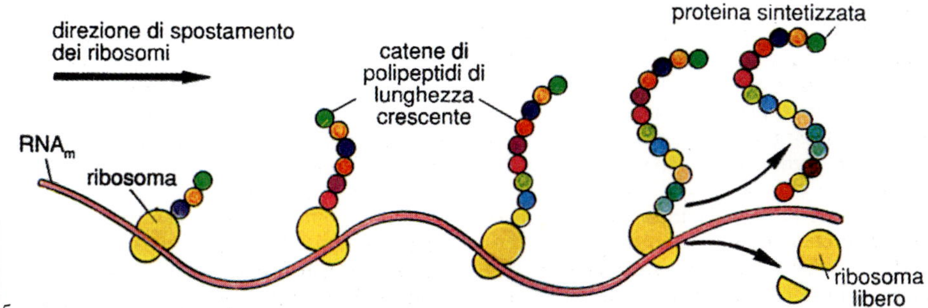

5

Riproduzione e accrescimento dei batteri

La riproduzione dei batteri è asessuata e avviene mediante la divisione di un individuo in due cellule-figlie; queste sono uguali tra loro e alla progenitrice perché hanno il medesimo patrimonio genetico della cellula madre, che si era duplicato prima che questa si dividesse. La durata della divisione cellulare dipende dalla specie e dalle condizioni di crescita, ma in genere è di circa 30 minuti. Una cellula batterica, dopo successive divisioni, forma una colonia di circa un miliardo di individui uguali tra loro e alla cellula capostipite.

Divisione cellulare

Come in tutti gli esseri viventi, il DNA si duplica formando due cromosomi e la cellula batterica aumenta di volume; i due cromosomi si spostano ai poli della cellula e all'equatore si forma un solco che si approfonda nel citoplasma fino a dividere in due la cellula. In contemporanea si forma nuova parete cellulare e le due cellule-figlie si separano.
Nei Gram^{+} i mesosomi sostengono i due cromosomi durante lo spostamento e formano il setto di separazione del citoplasma. Nei Gram^{-}, privi di mesosomi, i due cromosomi migrano ai poli della cellula ed il setto di separazione è formato dalla membrana plasmatica. Le cellule-figlie rimangono unite oppure si separano e si spostano (spostamenti post-fissionali).

Accrescimento

Il ciclo di riproduzione si ripete e la coltura batterica cresce. I terreni liquidi permettono di valutare l'accrescimento batterico, poiché diventano sempre più torbidi con l'aumento del numero di batteri. La torbidità del terreno è direttamente proporzionale alla crescita batterica e si può valutare allo spettrofotometro: più la coltura è torbida, maggiore è il numero dei batteri, maggior difficoltà incontra il raggio luminoso nell'attraversarla perché è bloccato dai batteri. L'analisi va fatta in tempi diversi su colture sincrone, dove i batteri si riproducono simultaneamente; si ottiene la curva di crescita, derivante dalla relazione tra il tempo (ascisse) e il logaritmo del numero dei batteri (ordinata). Nella curva si riconoscono 6 fasi:

1. Latenza (lag) – I batteri non si moltiplicano, ma aumentano di dimensioni in vista della divisione; l'attività metabolica è elevata.
2. Transizione – Alcuni batteri si moltiplicano, altri no perchè i tempi di crescita in volume sono diversi per ogni cellula.
3. Logaritmica – I batteri si moltiplicano in progressione geometrica per più generazioni; la relazione lineare del grafico indica la crescita esplosiva.
4. Rallentamento – I nutrienti nella coltura si riducono, i batteri producono cataboliti che inibiscono la riproduzione; il ritmo delle divisioni cellulari diminuisce dopo un periodo variabile da specie a specie.
5. Stazionaria (plateau) – Il numero delle nuove cellule è pari a quello delle cellule morte e la popolazione batterica rimane costante.
6. Declino – I batteri morti sono circa il doppio di quelli capaci di dividersi; le morti aumentano finchè le divisioni cessano del tutto.

In realtà la curva ottenuta dallo spettrofotometro prosegue orizzontalmente, poichè la coltura torbida contiene batteri vivi e morti che ostacolano il percorso della luce. La fase di declino si registra quando i batteri morti vanno in autolisi (Neisseria) e la coltura torna limpida.

Differenziamento batterico

Il differenziamento implica l'attivazione di geni diversi in situazioni metaboliche e ambientali differenti; di conseguenza, la cellula modifica morfologia e capacità metaboliche in funzione dell'ambiente.
Il differenziamento è transitorio quando alcuni geni sono attivati temporaneamente in risposta a particolari fattori ambientali; quando questi vengono a mancare, i medesimi geni sono repressi. Gli enzimi inducibili sono un esempio di differenziamento transitorio. Il differenziamento effettivo implica cambiamenti di forma e struttura evidenti e stabili, come nella divisione cellulare, la formazione di spore, il pleiomorfismo e il ciclo L.

1

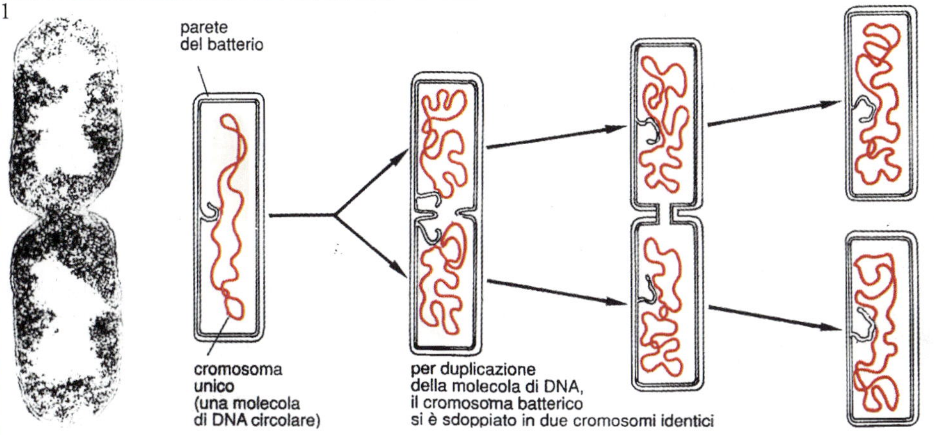

1. Divisione di una cellula batterica.

2. Foto di *Escherichia coli* al microscopio a scansione. Tra le cellule in divisione è evidente il setto di separazione.

2

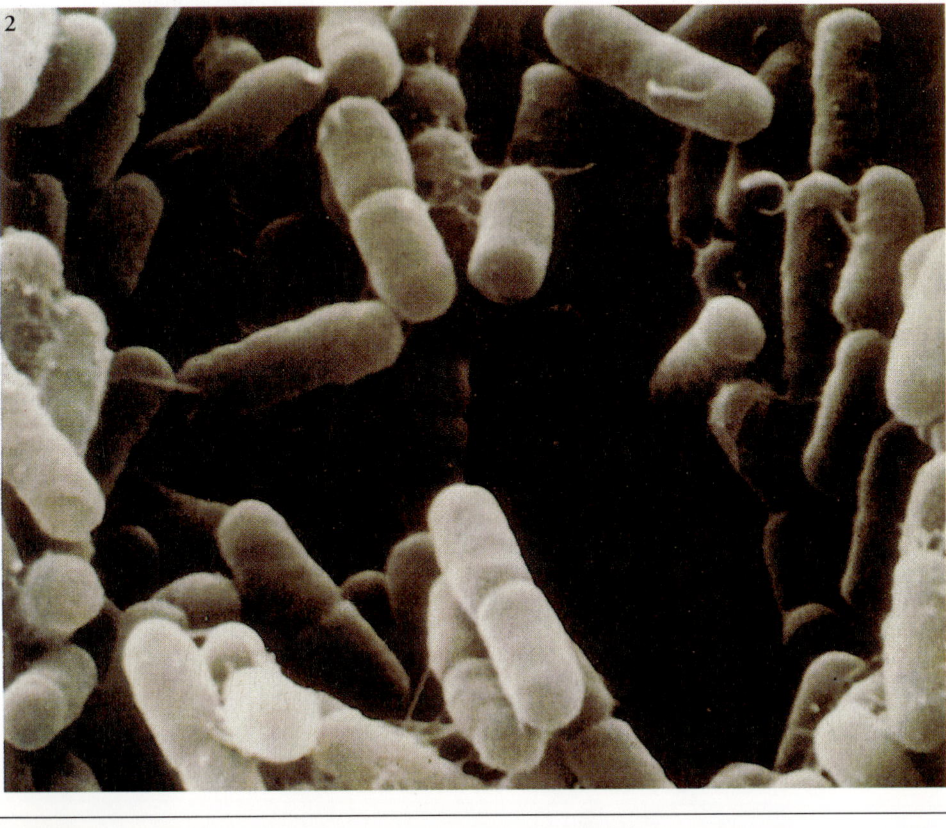

Le spore

Sono forme quiescenti contenenti gli elementi essenziali della cellula. Si formano in alcune specie batteriche se le condizioni ambientali diventano sfavorevoli; in condizioni favorevoli, le spore originano le forme vegetative che tornano in attiva riproduzione. Dovendo sopravvivere in condizioni ambientali proibitive, le spore sono molto resistenti agli agenti chimici e fisici. La produzione delle spore è tipica di *Bacillus, Clostridium* e *Sporosarcina,* tra i quali vi sono anche specie patogene che possono germinare provocando la malattia.

Struttura

Dopo la duplicazione del DNA, un mesosoma circonda uno dei due cromosomi ed una piccola parte di citoplasma; subito dopo si attivano i geni per gli involucri della spora. Formata la spora, il resto della cellula si lisa. La posizione della spora nel citoplasma è geneticamente determinata, pertanto è costante nelle singole specie: il batterio con la spora al centro senza modifiche della forma si definisce battridio; se la spora forma un rigonfiamento è detto clostridio; il batterio con la spora ad un'estremità assume la forma di bacchetta di tamburo ed è detto plectridio. Al microscopio ottico in contrasto di fase le spore appaiono rifrangenti. La spora matura è ovoidale, contiene il cromosoma, ribosomi, poco citoplasma e acqua; dall'interno all'esterno, si incontrano 5 strati di protezione: 1) Membrana plasmatica. 2) Parete cellulare di un sottile strato di mureina. 3) Cortex: è uno spesso strato di dipicolinato di Ca e mureina con struttura diversa da quella della parete. 4-5) Tunica 1 e tunica 2: sono molto rigide perchè formate da una rete tridimensionale di proteine solforate ricche di ponti disolfuro.

Le spore di alcune specie hanno un altro strato esterno, l'esosporio, formato da polisaccaridi e proteine libere e associate a lipidi. La sopravvivenza delle spore agli agenti chimici e fisici si deve alle due tuniche esterne, che sono impermeabili e resistenti alle variazioni di pressione. Il dipicolinato di Ca del cortex e l'assenza di acqua libera conferiscono elevata termoresistenza, tale che la bollitura a 100 °C non è sufficiente a distruggere le spore.

Germinazione

Le spore sopravvivono anche per molti anni in condizioni ambientali avverse, ma quando l'habitat torna favorevole germinano nella forma vegetativa. La germinazione avviene in tre fasi:

Attivazione – La spora perde la rifrangenza e diventa permeabile, per la rottura dei ponti disolfuro delle proteine delle tuniche; secondo altri l'attivazione è dovuta a sostanze chimiche ed all'aumento della temperatura che bloccano gli inibitori della germinazione situati nella spora. Sono necessari agenti induttori, quali sostanze ossidanti, acidi, aumento della temperatura (max 60-100 °C). A questo punto il processo è ancora reversibile.

Germinazione – Nella spora entrano acqua, composti organici, nucleosidi e sostanze inorganiche; per gli anaerobi non deve esserci l'ossigeno. Nel frattempo specifici enzimi distruggono le protezioni esterne per favorire l'ingresso delle sostanze. La resistenza agli agenti chimici e fisici si riduce ed il processo di germinazione diventa ora irreversibile.

Accrescimento – Gli involucri sono completamente eliminati e la cellula produce le macromolecole per il metabolismo e le nuove strutture cellulari. L'accrescimento si protrae fino alla prima divisione cellulare.

Pleiomorfismo

Il pleiomorfismo (polimorfismo) consiste nella variazione della morfologia della cellula batterica, perciò nella stessa specie è possibile osservare, ad esempio, forme coccoidi e filamentose. Il cambiamento della forma fa parte del normale il ciclo vitale del batterio oppure deriva dalla riduzione di metaboliti nel mezzo. Anche antibiotici, antimitotici, radiazioni o alcuni cataboliti batterici possono causare pleiomorfismo.

Forme L

Sono batteri che hanno perso la parete cellulare per cause spontanee o indotte. Le forme L spontanee rientrano nel normale ciclo vitale di alcuni generi *(Bacteroides)*; quelle indotte derivano dall'azione di sostanze che distruggono la parete o ne ostacolano la sintesi (penicillina). Le forme L stabili si riproducono come tali; le instabili sintetizzano nuovamente la parete quando vengono a mancare gli inibitori; le transitorie si alternano con le forme normali.

1

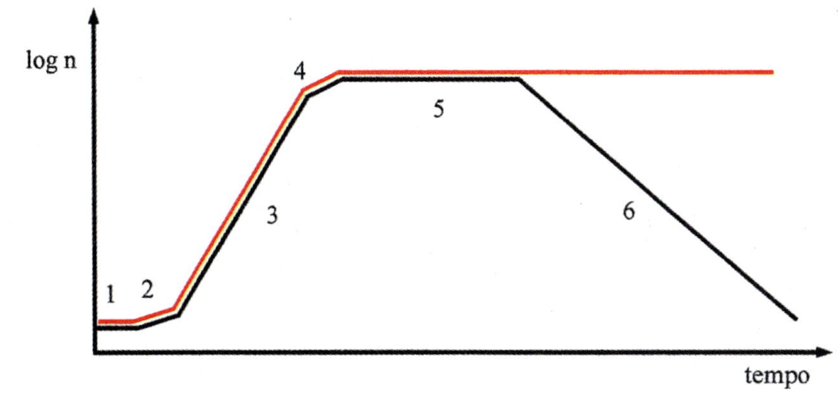

2

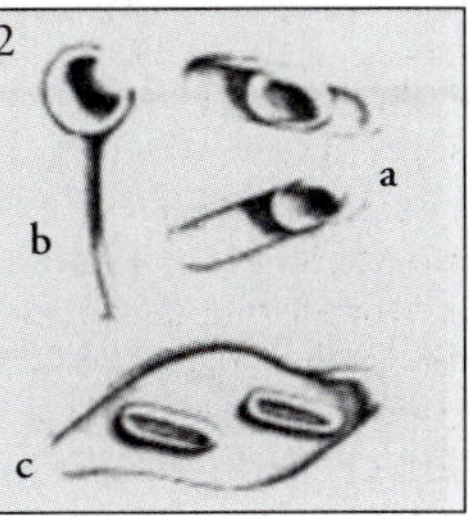

1. Curva di accrescimento di una popolazione batterica determinata con lo spettrofotometro. In nero: con batteri in autolisi; in rosso: con batteri che non vanno in autolisi.

2. Sporulazione negli Schizomiceti: **a.** con endospora centrale e subcentrale; **b.** con endospora terminale; **c.** con due endospore.

3. Struttura di spora batterica.

3

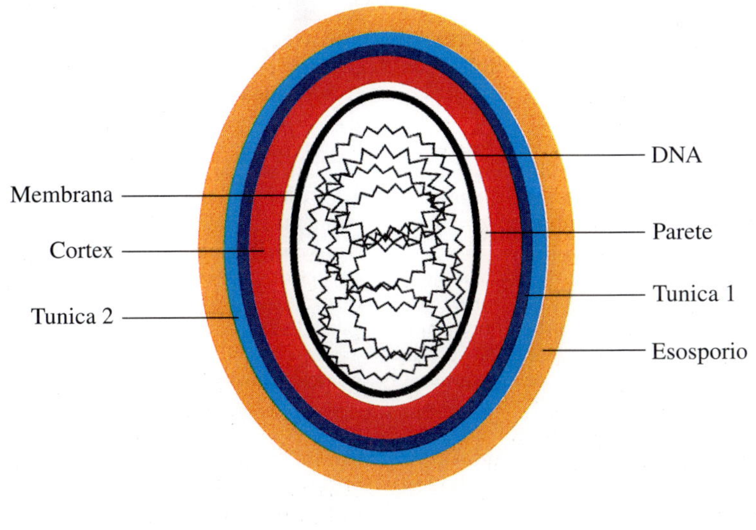

Genetica batterica

Le informazioni contenute nel DNA costituiscono il corredo genico batterico; nel tempo, questo subisce delle variazioni grazie alla ricombinazione ed alle mutazioni. In media, il cromosoma batterico contiene 5.000 geni; un numero molto variabile di geni si trova nei plasmidi, piccoli segmenti circolari indipendenti liberi nel citoplasma dei batteri.

Geni e operoni

Chimicamente i geni sono costituiti da DNA a doppia elica circolare e formano un unico cromosoma (corredo aploide). I geni strutturali sono trascritti in RNAm per la sintesi delle proteine; i geni non-strutturali codificano per gli RNAt e gli RNAr.

I geni strutturali sono delimitati da due sequenze nucleotidiche: il promotore, che è la sequenza iniziale, e il termine che, come suggerisce il nome, è la sequenza finale. Durante la trascrizione del gene, la RNA–polimerasi riconosce e si aggancia al promotore, costruisce l'RNAm e infine si stacca a livello della sequenza termine. Il promotore è situato immediatamente prima dell'inizio della trascrizione e di solito è costituito da una purina (adenina o guanina), in modo da poter aprire il DNA in corrispondenza del sito precedente il primo nucleotide da trascrivere. Il termine è formato da una sequenza di adenina (coda di poli-A) e favorisce il distacco dell'RNAm appena trascritto.

Nei batteri (ma anche in alcuni virus) numerosi geni strutturali hanno in comune il medesimo promotore e lo stesso termine: sequenze geniche così organizzate sono dette operoni. La lettura di un operone comporta perciò la trascrizione di più geni su un unico filamento di RNA. Il trascritto dei singoli geni è separato dal successivo tramite triplette non-senso, triplette di nucleotidi che non corrispondono ad alcun amminoacido e rappresentano così il segnale di interruzione della catena proteica. Le triplette non-senso sono UAG, UAA, UGA. Nel dettaglio, l'RNAm di un gene strutturale porta all'estremità 5' una tipica sequenza non-codificante (o sequenza leader, di solito AUG), che rappresenta il codone di inizio della traduzione. La sua funzione è di permettere la corretta unione con il ribosoma.

I geni strutturali possono essere:

- Geni strutturali propriamente detti: codificano per proteine strutturali o enzimi.
- Geni regolatori: i loro prodotti regolano la trascrizione di altri geni.
- Geni soppressori: codificano per inibitori della trascrizione di altri geni
- Geni mutatori: inducono mutazioni in altri geni.

Un operone possiede più geni strutturali, un regolatore, un repressore ed un operatore. Tutti questi geni regolano, cooperando tra loro, sia la sintesi delle proteine sia il momento in cui iniziarla. Di conseguenza, nei batteri può accadere che avvengano variazioni metaboliche e morfologiche non imputabili a modificazioni della struttura del gene (mutazioni), bensì alla lettura in tempi diversi di geni differenti normalmente presenti nel genoma. Queste modificazioni fenotipiche rappresentano un adattamento fisiologico alle variazioni ambientali e scompaiono quando tornano le condizioni iniziali.

L'operone lac di *Escherichia coli* è un esempio di operone inducibile: la presenza di lattosio nel mezzo di coltura attiva l'operone e induce così la sintesi dell'enzima β-galattosidasi il quale appunto metabolizza il lattosio. L'attività dell'operone è massima in presenza dell'induttore, cioè del lattosio, che non è comunemente presente nel terreno nutritizio. Il lattosio è assorbito dalla cellula batterica ed è trasformato dalle poche molecole di β-galattosidasi presenti in allolattosio; questo interagisce direttamente con il repressore legato alla sequenza dell'operone lac, lo allontana e permette così la trascrizione. Quando il lattosio del terreno di coltura è esaurito, il repressore ritorna nella posizione iniziale e la sintesi di β-galattosidasi cessa.

Le mutazioni

Una mutazione è una variazione ereditaria nella sequenza di basi del DNA. Nel caso dei batteri, l'esistenza delle mutazioni fu confermata nel 1943 con il test di fluttuazione, che viene usato tuttora per verificare se è avvenuta una modificazione fenotipica o una mutazione.

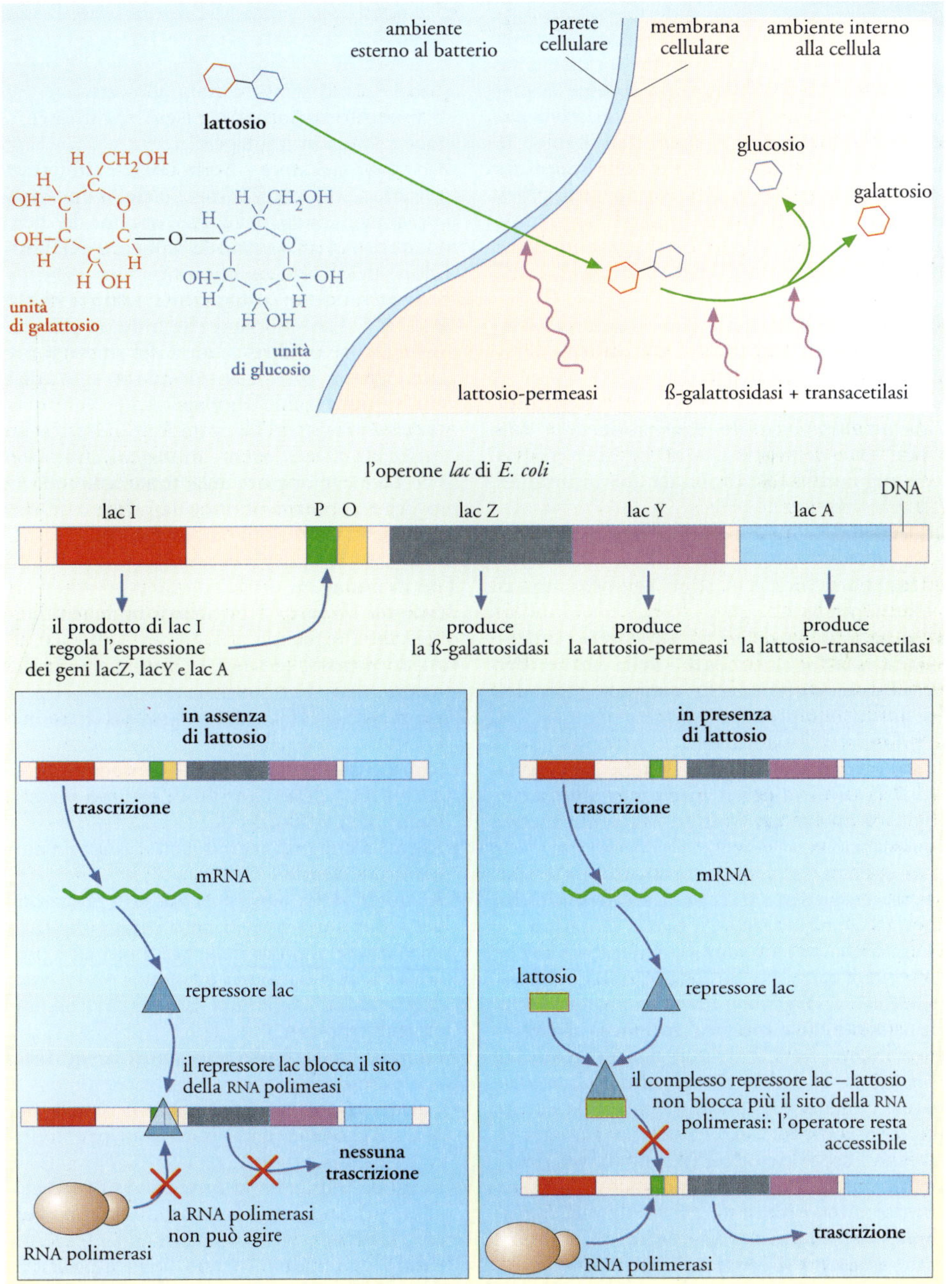

1. Utilizzazione del lattosio in *Escherichia coli* e regolazione dell'espressione dell'operone lac.

In generale, le mutazioni sono distinte in mutazioni "in avanti" e in retromutazioni, nelle quali una seconda mutazione dello stesso gene fa tornare il gene allo stato precedente la prima mutazione e ripristina il ceppo selvaggio parentale. In questo caso può manifestarsi la soppressione: la seconda mutazione sopprime l'effetto della prima agendo su un gene differente e permette di tradurre il codone mutante in modo utile. In tal caso il genotipo subisce due mutazioni, ma il fenotipo risulta simile al parentale.

Nei batteri le mutazioni sono a carico di singoli nucleotidi (mutazioni puntiformi) e si verificano con tre meccanismi:

1. Sostituzione: una base azotata è sostituita da un'altra. Si ha la transizione se le due basi sono dello stesso tipo, la transversione se una purina è sostituita da una pirimidina (o viceversa).
2. Delezione: il gene perde singole basi azotate.
3. Inserzione: nei geni sono aggiunte una o più nuove basi.

Le mutazioni per delezione ed inserzione provocano uno "scivolamento" della lettura del gene (frame-shift) e nella maggior parte dei casi producono proteine inattive.

Le mutazioni si manifestano in modi diversi:

- La proteina non è alterata perchè la tripletta mutata codifica per il medesimo amminoacido; la mutazione è fenotipicamente silente o neutra.
- La proteina è alterata nella struttura ma non nelle funzioni, perchè l'amminoacido mutante è molto simile a quello d'origine.
- L'amminoacido mutante è nettamente differente dall'originale. Si possono avere tre possibilità: 1) Mutazione leaky: la proteina non funziona bene e provoca un blocco metabolico incompleto. 2) Mutazione missense: la proteina è completamente inattiva; la mutazione è letale se la proteina partecipa ad un ciclo metabolico essenziale, altrimenti si creano i ceppi auxotrofi (o mutanti nutrizionali); questi ceppi sono incapaci di crescere su un terreno minimo, privo cioè del metabolita che non sono più in grado di sintetizzare. Il ceppo di origine è chiamato prototrofo. 3) Mutazione letale condizionale: la proteina è modificata in modo da funzionare solo in determinate condizioni.
- La mutazione porta alla formazione di una delle tre triplette di fine lettura (UAA, UGA, UAG) la sintesi della proteina è interrotta. La mutazione è detta non-senso.

Le mutazioni possono essere spontanee o indotte da agenti mutageni.

Mutazioni spontanee – Sono causate dall'errata formazione dei ponti idrogeno tra le due catene complementari del DNA oppure dai geni mutatori, i quali variano le sequenze dell'anticodone dell'RNAt codificato da altri geni. La frequenza delle mutazioni spontanee è $10^{-4}/10^{-9}$. Esistono geni che mutano più frequentemente di altri, a causa del ripetersi più volte la stessa base. Geni di questo tipo sono definiti "punti caldi" (hot spots).

Mutazioni indotte – Le mutazioni indotte sono causate da diversi agenti mutageni chimici o fisici. La maggior parte delle mutazioni indotte provoca accoppiamenti irregolari delle basi, con conseguenti transizioni e transversioni.

Tipi di mutageni

Mutageni chimici - I principali mutageni chimici sono i seguenti:

- Acido nitroso: provoca la deaminazione dei nucleotidi, per sostituzione del gruppo amminico ($-NH_2$) con un gruppo chetonico ($=O$).
- Idrossilammina: converte il gruppo amminico ($-NH_2$) della citosina in gruppo idrossilamminico ($=N-OH$).
- Agenti alchilanti: introducono gruppi alchilici sui nucleotidi.
- Analoghi delle basi: durante la replicazione del DNA sono inseriti nella catena in via di formazione al posto delle basi normali e provocano appaiamenti anomali delle basi; determinano anche una carenza di deossinucleotidi trifosfati.

Mutageni fisici – I più importanti agenti fisici causa di mutazioni sono:

- Calore: trasforma la citosina in uracile per deaminazione; origina mutazioni per transizione e transversione.
- Raggi X: inducono la formazione di radicali liberi e danneggiano la struttura cromosomica. L'azione è proporzionale alla dose con effetto cumulativo, perciò brevi esposizioni periodiche danno gli stessi effetti di una sola lunga esposizione.

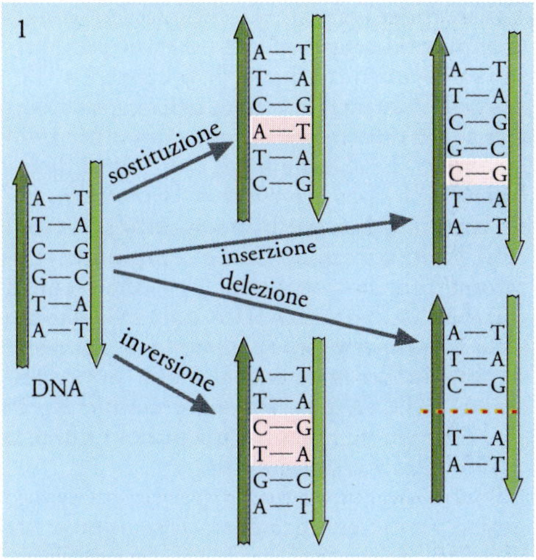

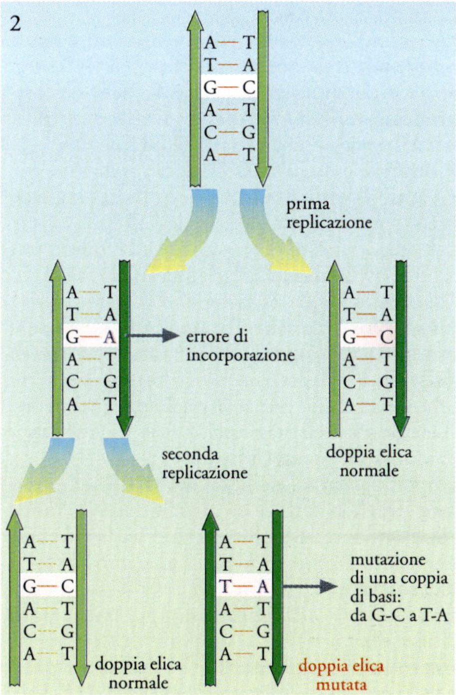

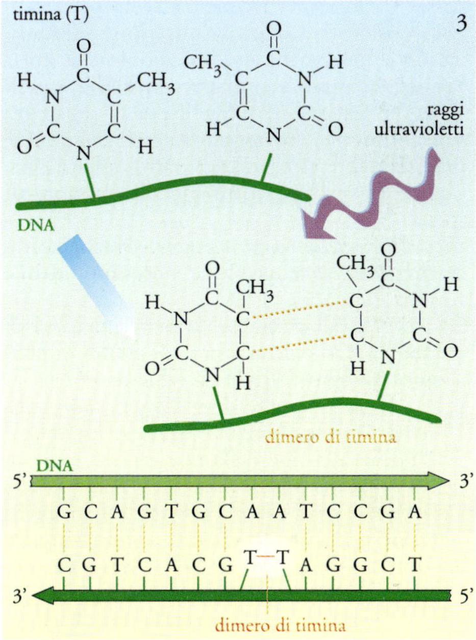

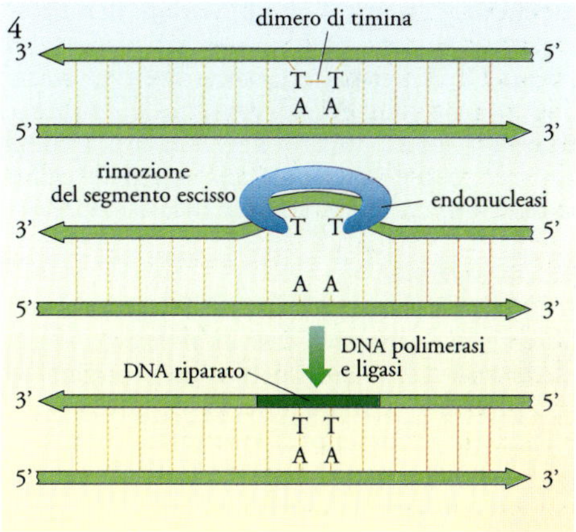

1. Mutazioni genetiche.
2. Errori di appaiamento delle basi nella duplicazione del DNA.
3. Formazione di dimeri di timina.
4. Riparazione di un dimero di timina con il meccanismo della ricombinazione.

La ricombinazione

La ricombinazione è lo scambio di regioni omologhe tra due molecole di DNA, che porta a nuove combinazioni di geni; nei procarioti si verifica per mezzo di meccanismi di trasferimento che creano diploidi parziali.
Il modello biochimico di ricombinazione inizia con l'apertura del DNA, in modo da avere un'estremità libera. Nei batteri il DNA è circolare e viene aperto sempre nel medesimo punto: in tal modo l'estremità libera serve per l'aggancio degli enzimi che "esplorano" il DNA fino a trovare il punto di inizio della ricombinazione ad una distanza arbitraria dalla fine. Nei virus l'estremità libera del DNA è anche il sito dal quale gli enzimi iniziano la ricombinazione. I funghi utilizzano modalità differenti di inizio.
Dopo l'apertura, le eliche del DNA del donatore e dell'accettore si avvicinano, in modo che il grado di omologia tra le sequenze sia il massimo; il processo prosegue con il taglio della catena, l'appaiamento delle basi e la ricostituzione dei filamenti a doppia elica, grazie all'azione combinata di polimerasi e ligasi. Alla fine si ottengono due molecole ricombinanti contenenti nuove sequenze nel DNA.
I batteri utilizzano tre meccanismi di trasferimento per formare diploidi parziali: la trasformazione, la coniugazione e la trasduzione. Il nuovo DNA nel batterio accettore può essere degradato, può conservarsi indipendente come plasmide, può rimanere in unica copia ed essere così ereditato da una sola delle cellule-figlie oppure può ricombinarsi.

Trasformazione

Il DNA trasformante di un donatore passa libero e in frammenti casuali al ricevente, nel quale può scambiare i geni e dare origine ad una progenie ricombinante. La trasformazione è il primo fenomeno di ricombinazione scoperto nei batteri nel 1928 da Griffith con gli esperimenti su pneumococchi.
Le colonie di pneumococchi si presentano in forma S (da smooth) liscia, capsulata e virulenta, oppure in forma R (da rough) rugosa, acapsulata e avirulenta. Della forma S esistono tipi differenti per la composizione in polisaccaridi della capsula. Le due forme sono determinate geneticamente ed il passaggio spontaneo da una all'altra è una mutazione estremamente rara.
Griffith non seppe spiegarsi il motivo di questo cambiamento e parlò di un generico "fattore trasformante" presente nella capsula batterica. Gli esperimenti furono ripresi nel 1944 da Avery, Mac Leod e Mc Carty, i quali dimostrarono che per determinare la trasformazione bastava DNA purificato estratto da batteri S III uccisi col calore. Come controprova trattarono con desossiribonucleasi una seconda frazione da batteri S III e non osservarono alcuna trasformazione; l'aggiunta di proteasi o di ribonucleasi non la ostacolava. In conclusione, il DNA penetra nelle cellule R, dà ricombinazione e genera un piccolo numero di individui vivi di tipo S III.
La trasformazione può avvenire tra specie molto vicine (t. interspecifica) oppure tra individui della stessa specie (t. intraspecifica): nel primo caso la frequenza è notevolmente bassa. La massima frequenza si ha per i geni che, controllando funzioni fondamentali, hanno subito poche modificazioni nella storia evolutiva, quali i geni per gli RNA, quelli delle fermentazioni e quelli per la resistenza agli antibiotici. In natura la trasformazione è più frequente nei batteri Gram$^-$, mentre nei Gram$^+$ si verifica in un piccolo numero di specie.
Biochimica della trasformazione - Perchè la trasformazione avvenga, sono necessarie alcune condizioni:

1. Il DNA del donatore deve avere massa di almeno 106 dalton, essere di grandi dimensioni, integro e simile fra i due batteri.
2. La cellula ricevente deve trovarsi nel periodo di "competenza", corrispondente ad esempio alla fine della fase esponenziale in *Streptococcus pneumoniae* e in *Haemophilus influenzae* o nella fase logaritmica in *Neisseria.* Nelle altre fasi, la cellula batterica contrasta l'ingresso di DNA estraneo mediante:
   - La secrezione di esonucleasi, che distrugge il DNA all'esterno del batterio.
   - La parete cellulare, che funziona come una barriera all'ingresso del DNA.
   - L'attivazione delle endonucleasi di restrizione, enzimi citoplasmatici che distruggono qualsiasi DNA, eccetto quello della propria cellula. Questo viene protetto dalla metilazione dell'adenina o della cito-

1

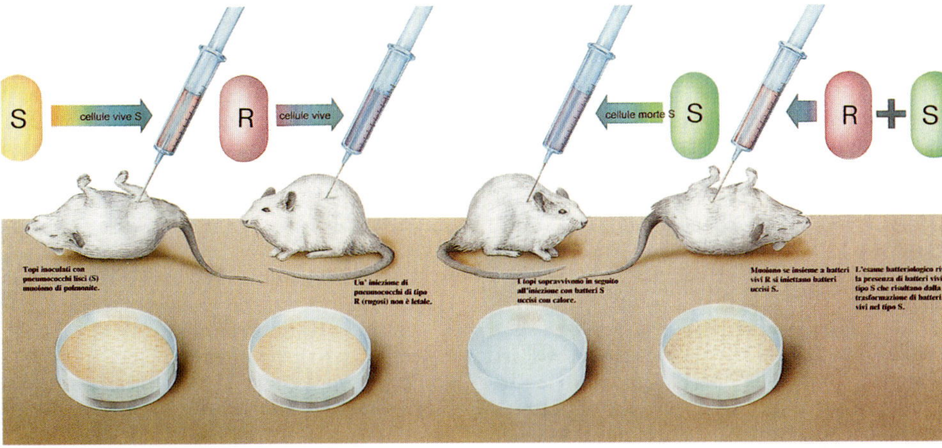

1. Esperimento di Griffith.

2. Esperimento di Avery.

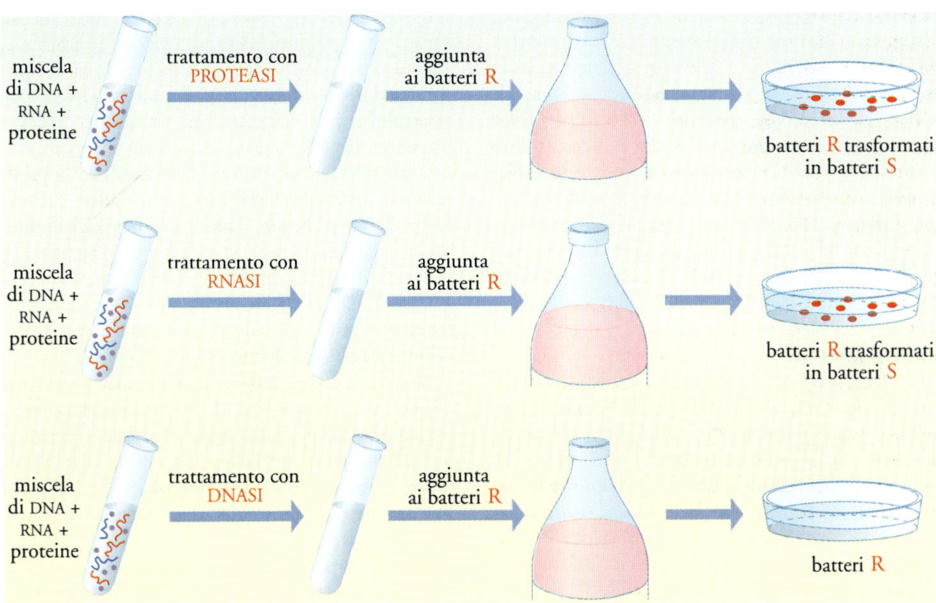

2

sina nella sequenza nucleotidica riconosciuta dagli enzimi di restrizione.
Durante la fase di competenza, i batteri modificano i meccanismi di protezione, bloccano o rallentano la sintesi del DNA, attivano la sintesi proteica. Nel frattempo, i batteri producono fattori di competenza proteici per indurre la competenza anche in altre cellule, attraverso l'alterazione della loro parete cellulare con azione simile a quella delle autolisine. Contemporaneamente l'elettronegatività della membrana cellulare è maggiore, i mesosomi aumentano, la densità cellulare diminuisce e la parete è parzialmente demolita da appositi enzimi.

3. La membrana deve possedere recettori specifici per il DNA a doppia elica; questi recettori non differenziano tra DNA eucariote e procariote. I recettori sono in numero fisso, pertanto possono saturarsi: in media un batterio può legare al massimo 10 molecole di DNA.

Meccanismo della trasformazione - Il DNA del batterio donatore, libero nell'ambiente in seguito ad autolisi, giunge casualmente a contatto col batterio ricevente. Inizialmente il DNA si lega al ricevente in modo reversibile, penetra tra parete e membrana e infine entra nel citoplasma attraverso i pori o sfruttando la permeabilità di membrana. Segue la fase di eclisse, di circa 10', durante la quale il DNA non è più rintracciabile nel citoplasma; i due filamenti del DNA sono divisi: uno è demolito dalla desossiribonucleasi per fornire l'energia; l'altro è integrato nel cromosoma principale grazie all'energia fornita dalla demolizione del primo. Questo meccanismo permette l'integrazione di 2.000-20.000 nucleotidi.

La coniugazione
La coniugazione consente il trasferimento direzionale di geni tra batteri di specie differenti o della stessa specie, ma con il contatto fisico tra donatore e ricevente. Il trasferimento riguarda i plasmidi oppure il cromosoma principale, intero o in parte. La coniugazione è un fenomeno tipico di tutte le *Enterobacteriaceae.*
Nel 1946, Lederberg e Tatum scoprirono la coniugazione su ceppi di Escherichia coli K12 auxotrofi. Selezionarono due ceppi con blocchi metabolici diversi: uno era incapace di sintetizzare biotina, fenilalanina e cisteina; l'altro treonina, leucina e tiamina. Seminati singolarmente su terreno minimo, i batteri non sopravvivevano, ma da una loro miscela preparata in precedenza si generavano ceppi prototrofi. Sostituendo uno dei due ceppi col suo filtrato, i risultati furono sempre negativi ed esclusero la trasformazione. In conclusione, il contatto fisico era necessario per generare una progenie ricombinante. Per spiegare il fenomeno, i ricercatori proposero la fusione dei due batteri e la formazione di uno zigote, ma questa ipotesi non superò alcun esame accurato. Alcuni anni dopo Hayes definì con i suoi esperimenti la natura della coniugazione.
Hayes utilizzò due ceppi di *Escherichia coli* K12 auxotrofi, uno sensibile (str-s) e l'altro resistente (str-r) alla streptomicina. Incrociò i due ceppi su terreno con streptomicina, per selezionare i ricombinanti e notò che solo un tipo di incrocio veniva bloccato, per esempio
1(str-s) x 2(str-r) non generava progenie
1(str-r) x 2(str-s) originava una progenie di ricombinanti.
Tale risultato si spiegava con la presenza di un donatore (+) e di un accettore (–) di geni; quando la streptomicina uccideva gli accettori sensibili, non si aveva progenie, perchè da questi si dovevano generare i ricombinanti.
Meccanismo della coniugazione - Con una serie di ricerche successive, si identificò il "fattore sessuale" F. Si tratta di un plasmide con un numero di replicazioni superiore al cromosoma principale, contenente in media 15 geni; nove di questi codificano per il pilo sessuale (pilo F) contenente i recettori per alcuni fagi specifici. La cellula con questo plasmide è indicata con F^+, quella che ne è priva F^-. Tra questi due tipi di batteri avviene un contatto fisico a livello del pilo, che è cavo e funziona come canale di coniugazione.
Il fattore F è trasferito nel ricevente attraverso il pilo, con una sorta di "srotolamento" dell'elica di DNA. Uno solo dei due filamenti del plasmide è tagliato e, a partire dall'estremità 5', passa nel ricevente, il quale lo copia in direzione 5'-3' a mano a mano che penetra. Il filamento rimasto nel donatore funziona da stampo per la ricostruzione del filamento trasferito. L'incrocio F^+ x F^- origina due individui F+ e l'efficienza del trasferimento è intorno al 100%, pertanto da una popolazione inizialmente mista si ottengono,

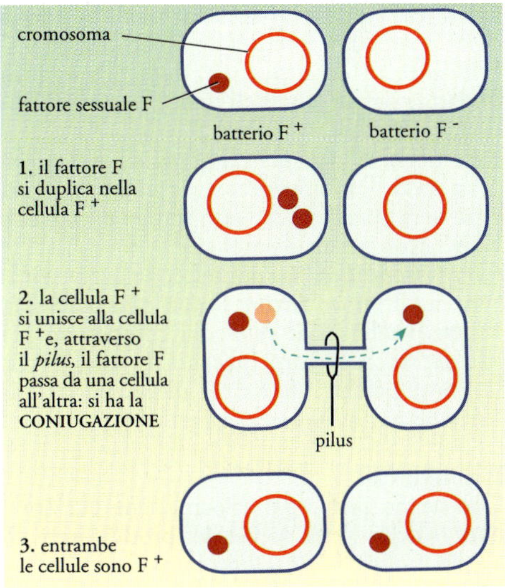

1

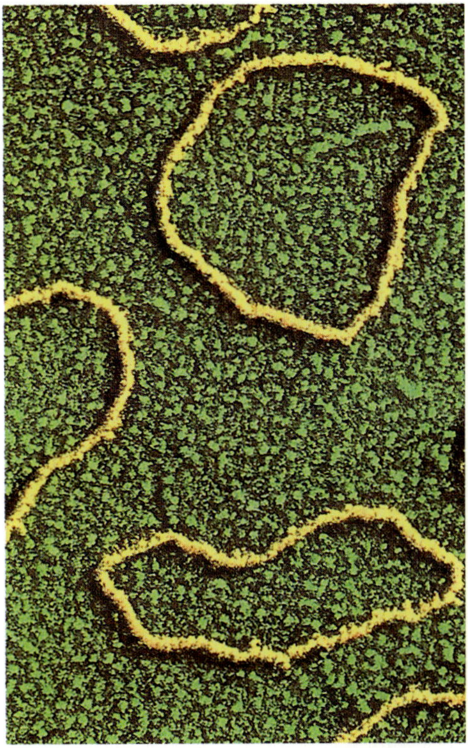

2

1. Meccanismo della coniugazione batterica

2. Microfotografia di plasmidi.

3. Microfotografia di una coniugazione batterica.

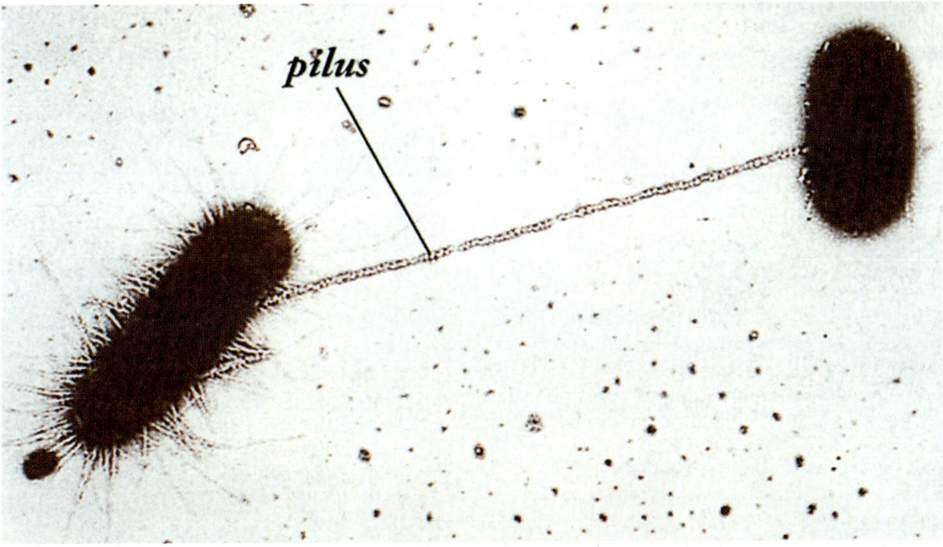

3

dopo un certo tempo, tutti F^+.
Talvolta il fattore F si integra per ricombinazione nel cromosoma principale con una frequenza di 1/100.000 cellule F^+. In tal caso, il fattore F diventa lineare, si inserisce a livello di zone omologhe, dette sequenze di inserzione, e la cellula F^+ si trasforma in cellula Hfr (da high frequency of recombination). Il fattore F si inserisce con un orientamento diverso a seconda del sito di inserzione, caratteristico del ceppo batterico. Il fattore F integrato si replica insieme al cromosoma principale ed è trasmesso alla progenie; nella coniugazione il suo apparato di replicazione si attiva e fa trasferire l'intero cromosoma: uno dei due filamenti F si rompe in un punto preciso, in modo che una parte sia all'estremità 5' iniziale e l'altra a quella 3' finale; il filamento attraversa il tubo di coniugazione e viene copiato in ingresso nel ricevente, portando con sé il resto del cromosoma.
Il trasferimento dell'intero cromosoma è molto raro perchè il pilo è molto fragile e si interrompe facilmente, perciò il fattore F si ricostituisce raramente.
Di solito un incrocio Hfr x F^- non produce nuovi Hfr, ma ricombinanti diploidi parziali chiamati merozigoti. Nei merozigoti avvengono scambi genici che integrano le nuove informazioni nel cromosoma principale; i frammenti non integrati sono persi nelle divisioni successive. In ogni modo le cellule diventano aploidi e spesso risultano ricombinanti.
L'integrazione e l'escissione del fattore F sono eventi in equilibrio; tuttavia nell'escissione F può portare con sé alcuni geni del cromosoma principale, probabilmente in seguito a crossing-over imperfetto, e generare un individuo F'; questo rimane vitale poichè possiede ancora tutti i suoi geni, anche se con una diversa disposizione, in parte nel cromosoma principale e parte nei plasmidi.
Durante la coniugazione, l'intero fattore F' è trasmesso nel ricevente (sexduzione), il quale diventa diploide parziale; i geni portati da F' sono frequentemente scambiati con i geni del cromosoma principale e si originano individui ricombinanti.
Quando si incrociano fra loro individui F^+, F' ed Hfr, la frequenza di trasmissione è nettamente inferiore rispetto a incroci con F^-, poiché i batteri già dotati del fattore F sono immuni dall'ingresso di altri fattori F; in questo caso si parla di immunità da superinfezione.
L'immunità da superinfezione protegge il donatore dall'aggancio di pili estranei mediante due meccanismi:
- *Esclusione di superficie:* il batterio con l'episoma modifica l'involucro esterno e forma una barriera specifica che si oppone all'ingresso del fattore sessuale omologo.
- *Incompatibilità:* la coniugazione è consentita, ma il nuovo fattore F non può replicarsi, forse perchè i due repliconi competono per lo stesso recettore interno di membrana oppure perché il fattore F già presente codifica per un inibitore specifico.

Plasmidi Col
Codificano per le batteriocine, che uccidono batteri della stessa specie del produttore o di specie molto vicine. Dopo l'unione della batteriocina al suo recettore sulla cellula-bersaglio, i meccanismi di uccisione sono diversi: la batteriocina può distruggere il DNA come una endonucleasi; staccare frammenti dall'RNAr; bloccare la fosforilazione ossidativa o la permeabilità di membrana. La loro efficienza è del 100%, poiché è sufficiente una molecola per uccidere il batterio.
I plasmidi Col portano anche geni per la sintesi di proteine di difesa, che rendono il batterio produttore immune all'azione battericida della propria batteriocina. Talvolta questi geni sono associati a quelli della trasmissibilità delle informazioni e possono anche incorporare altri geni contenuti nei trasposoni. I trasposoni sono gruppi di geni che non si autoduplicano, ma si spostano facilmente sia nell'ambito del cromosoma o del plasmide di appartenenza, sia in altri plasmidi, trasferendosi da un sito di inserzione ad un altro. Nei batteri sono molto frequenti i trasposoni con le informazioni per la resistenza agli antibiotici.

Plasmidi R
Nell'ambito dei plasmidi R si distinguono due zone: una è responsabile del trasferimento da un batterio all'altro e contiene i geni per la replicazione autonoma e per il pilo di coniugazione, oltre a quelli che consentono la coesistenza di plasmidi differenti. L'altra contiene il complesso di geni per la resistenza ad antibiotici, metalli pesanti, sulfamidici, raggi ultra-

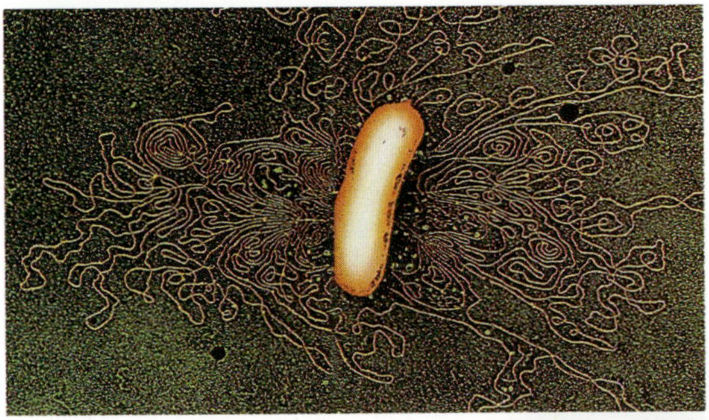
1a

1b

1a-1b. Confronto tra il DNA di un batterio *(E. coli)* e il DNA di un virus patogeno per le rane.

2. Trasduzione specializzata del gene gal⁺. Appaiamento e ricombinazione tra il cromosoma del fago λ e quello di *E. coli.*

2
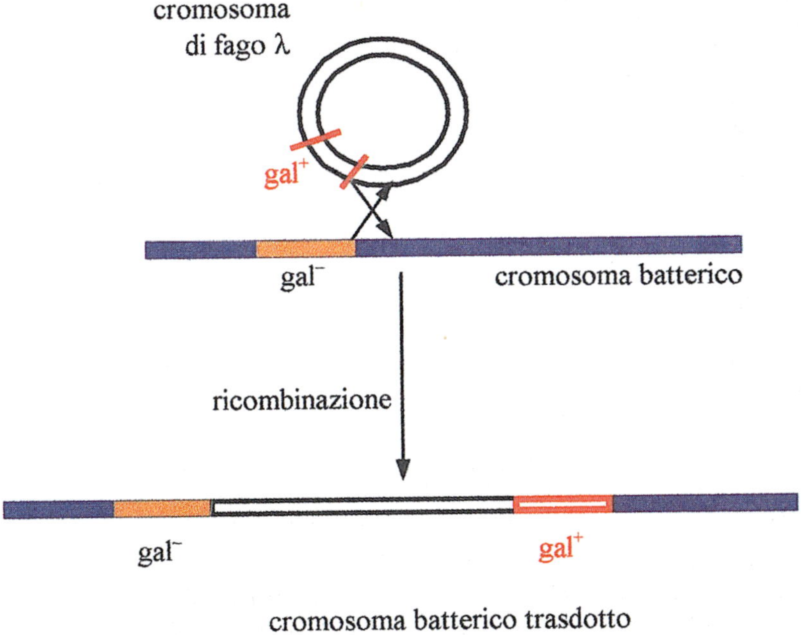

violetti, tutti fattori dannosi per la cellula batterica.
I plasmidi R possono accogliere trasposoni contenenti resistenze ad antibiotici diversi, fino a un massimo di 10 geni di resistenza. Tali geni sono un valido mezzo di difesa dalle specie produttrici di antibiotici presenti nel medesimo habitat.

La trasduzione
La trasduzione fu scoperta casualmente nel 1952 da Lederberg e Zinder, nel tentativo di dimostrare la coniugazione in cellule di *Salmonella*. I due ricercatori utilizzarono un tubo a forma di U, con i due bracci separati da un filtro di vetro sinterizzato per consentire il passaggio del filtrato ed evitare il contatto fra i batteri, in modo da impedire la coniugazione; in ciascun braccio inserirono un ceppo auxotrofo per geni differenti. Dopo un certo tempo da un braccio isolarono batteri prototrofi. Per scartare l'ipotesi della trasformazione, utilizzarono la desossiribonucleasi, tuttavia i prototrofi si formavano ugualmente. Esclusero dunque i due meccanismi di trasferimento genico allora conosciuti, la trasformazione e la coniugazione. Doveva pertanto esistere un terzo meccanismo. Una delle due colture risultò infettata da un batteriofago, che poteva attraversare liberamente il filtro e funzionava da vettore di geni tra i due ceppi auxotrofi: il batteriofago trasportava (trasduceva) nel suo capside il DNA batterico responsabile della ricombinazione. Il trasferimento di geni mediato da virus è stato chiamato trasduzione, che può essere generalizzata o specializzata.

Trasduzione generalizzata
Durante l'assemblaggio, il batteriofago può caricare nel capside una parte del DNA batterico e, dopo la lisi del primo ospite, trasferirlo ad un'altra cellula con il normale ciclo di infezione. Generalmente il virus inserisce il DNA nel capside in modo aspecifico, purchè i frammenti abbiano le stesse dimensioni del genoma virale di partenza, pertanto la trasduzione è casuale. Il fago controlla la frammentazione del DNA batterico mediante una endonucleasi, che durante la formazione dei virioni taglia in siti specifici il poli-DNA virale; in questo caso l'enzima riconosce sequenze omologhe nel DNA batterico.
I frammenti di DNA batterico possono integrarsi solo perchè questi fagi iniziano l'assemblaggio in un punto qualsiasi del loro DNA. La quantità di DNA è proporzionale alle dimensioni del capside, perciò le parti in eccesso sono tagliate ed eliminate. La particella trasduttrice non è distinguibile da quella normale, poichè ha lo stesso peso molecolare ed il capside è identico.
Anche l'infezione della cellula successiva procede normalmente. Il DNA batterico iniettato dal virus può andare incontro a diversi destini:
- Rimane nel citoplasma e non si replica (trasduzione abortiva), ma si esprime fenotipicamente.
- Diventa circolare e funziona come un episoma, in posizione extracromosomiale.
- Si integra nel DNA del ricevente ed origina un clone di ricombinanti.

La trasduzione generalizzata ha una frequenza di 1 trasducente su 10^5–10^7 particelle fagiche normali; in particolare, è frequente in *Salmonella, Escherichia* e nelle altre *Enterobacteriaceae.*

Trasduzione specializzata
È operata da virus lisogeni capaci di trasformarsi in profagi e dare la lisogenia. Durante l'escissione del profago, il DNA virale può portare con sè parte del genoma dell'ospite e lasciare parte del suo integrato nel cromosoma batterico. Ne deriva DNA circolare ibrido, che dirige il ciclo litico e inserisce le sue copie in nuovi fagi. Il DNA ibrido ha la medesima lunghezza di quello normale, viene inserito nel capside ed è trasferito ad un'altra cellula, che diventa così un diploide parziale. Le nuove particelle virali sono difettive per alcuni geni fagici e non sono lisogene. Per replicarsi, i virus difettivi hanno bisogno dell'aiuto di altri virus (helper) con le informazioni perdute e realizzano una condizione di doppia lisogenia.
Un modello di studio è rappresentato dal fago λ per la trasduzione dei geni gal^+ in *Escherichia coli*, codificanti per gli enzimi del metabolismo del galattosio. Il DNA trasducente (gal^+) iniettato dal fago nel batterio ricevente (gal^-) diventa circolare perchè gli estremi hanno sequenze complementari ad elica semplice, dette estremità coesive o "appiccicose". La regione gal^+ si appaia con quella omologa

1

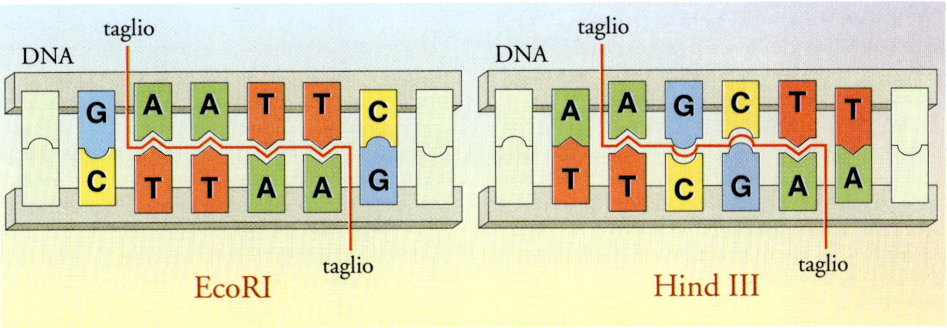

2

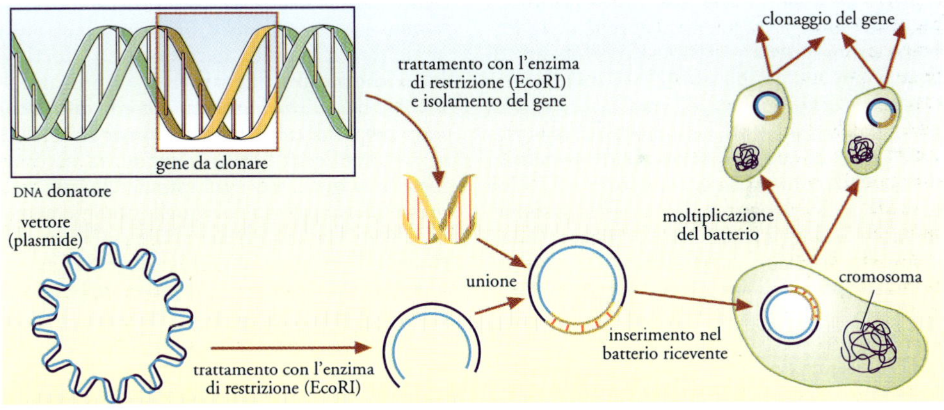

1. Siti di taglio di alcuni enzimi di restrizione.

2. Produzione e clonazione di un plasmide ricombinante

del batterio e si ha ricombinazione, con inserimento del gene gal^+ nel sito di appaiamento, senza sostituzione dei geni dell'ospite. La cellula trasdotta possiede ora entrambi i geni, gal^+/gal^-, è un diploide per questo carattere ed esprime il fenotipo dominante gal^+.
Il sito di integrazione per il fago λ rimane libero e, in presenza di un virus non difettivo, può essere impegnato per iniziare un nuovo ciclo virale. In tal modo il batterio contiene una doppia informazione virale: una completa ed una priva dei geni che sono stati sostituiti dal gene gal^+.

Costruzione di ceppi ricombinanti
I plasmidi hanno le caratteristiche ideali per essere arricchiti di nuovi geni allo scopo di indurre i batteri a produrre sostanze utili all'uomo, poiché normalmente codificano per caratteri non indispensabili alla cellula batterica, sono relativamente piccoli, sono presenti in più copie, si duplicano autonomamente e sono trasmissibili, sia alla progenie sia da un batterio all'altro. Grazie alla loro versatilità, i plasmidi sono ampiamente sfruttati nelle tecniche di ingegneria genetica. L'inserimento di nuovi geni in un plasmide è possibile con l'impiego delle nucleasi di restrizione, enzimi normalmente presenti nei batteri per distruggere DNA estraneo eventualmente penetrato nella cellula. Questi enzimi tagliano il DNA e aprono in siti riconoscibili e noti il plasmide, in modo da agganciare alle sue estremità un gene estraneo, che viene saldato da apposite ligasi. Si tratta di un meccanismo "taglia e cuci" che porta alla formazione di DNA ricombinante, così chiamato perchè contiene geni di origine diversa.
I diversi enzimi di restrizione hanno in comune la capacità di rompere le sequenze palindromiche del DNA, nelle quali la sequenza di basi è uguale in entrambi i sensi. Questa caratteristica consente di individuare con precisione il punto di interruzione del DNA e di scegliere così dove va inserito il nuovo gene. Si conoscono oltre 400 enzimi di restrizione che riconoscono 100 sequenze palindromiche diverse. Molti di questi enzimi tagliano il doppio filamento di DNA in modo asimmetrico, con basi non appaiate alle estremità; altri enzimi di restrizione interrompono la sequenza palindromica in modo netto.

Il gene estraneo, isolato da una cellula o costruito in laboratorio, è inserito in un plasmide o nel genoma fagico per essere veicolato nella cellula-ospite. Il vettore virale caricato del gene eterologo infetta il batterio ospite ed integra il suo genoma nel DNA batterico; come profago, il nuovo gene ha la possibilità di esprimersi. I plasmidi sono assunti facilmente e spontaneamente dai batteri, i quali li mantengono nelle generazioni successive. Il gene inserito nel plasmide deve esprimersi nella cellula-ospite producendo la proteina desiderata. Poiché il gene è estraneo, il batterio non possiede l'apparato necessario al suo funzionamento, pertanto bisogna fornirgli anche un gene regolatore che dia i segnali corretti per la sua espressione. Per incrementare l'espressione del gene eterologo si inserisce una breve sequenza di DNA, chiamata «enhancer», che amplifica anche centinaia di volte l'espressione genica.
La transfezione non è efficace al 100%, perciò il ceppo batterico che ha assunto il plasmide ricombinante deve essere selezionato mediante la resistenza agli antibiotici oppure sonde geniche e la tecnica del Southern blotting, attualmente più largamente impiegate. Il DNA è dapprima frammentato e le due eliche sono separate su gel di agarosio per farle reagire con sonde di DNA di sequenza complementare a quella dei geni estranei; le basi delle sonde si accoppiano con quelle complementari dei geni da identificare e sarà sufficiente un sistema di rilevazione (autoradiografia, reazioni colorimetriche) per risalire al ceppo batterico ricombinante.
La proteina ricombinante non viene secreta dal batterio, ma rimane all'interno della cellula; in tal caso, i batteri vanno isolati con appositi filtri e poi frammentati, per permettere di isolare la proteina ricombinante tra i composti citoplasmatici. La cromatografia e la reazione con specifici anticorpi monoclonali sono le tecniche più usate per selezionare i prodotti.
Una moderna alternativa prevede la modificazione genetica del sistema di secrezione batterico, in modo che diventi capace di secernere anche la proteina ricombinante, che si potrà isolare dal mezzo di coltura; questa tecnica consente di mantenere i batteri ricombinanti vivi in coltura continua e di isolare e purificare con minori difficoltà i prodotti biotecnologici.

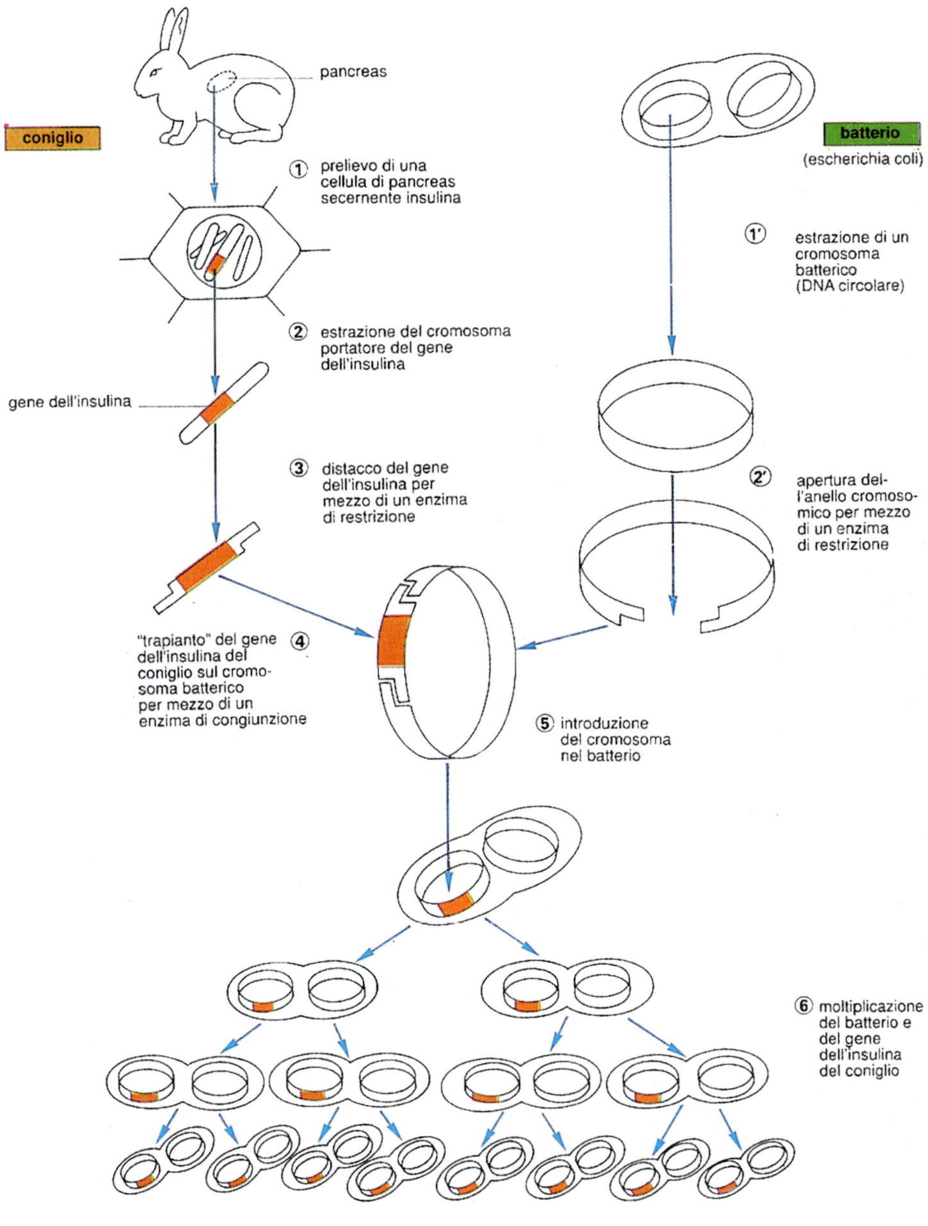

Costruzione di un ceppo ricombinante batterico per la produzione di insulina di coniglio

Ambienti di crescita

I principali fattori ambientali che condizionano l'accrescimento dei batteri sono la temperatura, il pH, la pressione (idrostatica e osmotica) e la luce.

Temperatura

La temperatura condiziona il metabolismo, poiché influenza direttamente gli enzimi. Ogni specie si riproduce e metabolizza con la massima efficienza ad una temperatura ottimale; tuttavia esiste un intervallo di temperatura entro il quale i batteri vivono, sebbene con difficoltà crescente verso i limiti inferiore e superiore.

In base alla temperatura ottimale, i batteri sono:

- Psicrofili (criofili): vivono ad un optimum di 4 °C, con un intervallo di sopravvivenza compreso tra -2 °C e 12 °C. Ad esempio, *Polaromonas vacuolata* vive nei ghiacci dell'Antartide, ma oltre i 12 °C cessa di riprodursi.
- Psicrotrofi: crescono a temperatura ambiente, intorno ai 20-25 °C. Esempio: i batteri del terreno.
- Mesofili: la temperatura ottimale è di 30-45 °C, alla quale vivono bene tutti i batteri patogeni.
- Termotrofi: l'optimum è a 45-60 °C, ma sopravvivono anche a 5 °C.
- Termofili: vivono a oltre 75 °C. Un rappresentante è *Thermus aquaticus*, che vive a temperature superiori a 70 °C e dal quale è stata isolata la Taq polimerasi, un enzima indispensabile per eseguire la reazione polimerasica a catena (PCR). Termotrofi e termofili si trovano per lo più nelle sorgenti termali.

pH

I batteri neutrofili vivono a pH compresi tra 5 e 8, con un optimum a pH 7; questi valori sono tipici degli ambienti naturali terrestri. I neutrofili comprendono i batteri patogeni. Gli acidofili vivono in ambiente acido, a pH tra 2 e 4; ambienti naturali con pH acido sono rari, ad esempio i residui di estrazione del carbone o le sorgenti idrotermali sulfuree. I lattobacilli sono un esempio di batteri acidofili. I batteri alcalinofili si sviluppano a pH tra 8 e 10; *Vibrio cholerae* è alcalofilo e parassita l'intestino, dove l'ambiente è basico. Ambienti naturali tipici sono i terreni ricchi di carbonati ed i laghi di soda. Gli alcalofili hanno sviluppato meccanismi per mantenere costante il pH interno, poichè pH ambientali superiori a 8 provocano la demolizione dell'RNA.

Pressione

I batteri vivono a valori di pressione atmosferica e idrostatica molto variabili, poiché la parete si oppone alle variazioni di pressione osmotica mantenendo la forma della cellula: se i batteri si trovano in una soluzione ipertonica (NaCl 20%), l'acqua passa dal citoplasma all'esterno e la cellula si raggrinza (plasmolisi) ma la parete non si modifica; al contrario, in una soluzione ipotonica (NaCl 0,01%), la cellula assume acqua ma conserva la sua forma grazie alla parete. In base alla pressione osmotica ambientale si distinguono batteri:

- Alofili: colonizzano ambienti ricchi di sali, come mari, laghi salati e bacini di raccolta del sale; vivono bene a concentrazioni saline di 2,5-4%;
- Alofobi: vivono in ambienti con concentrazione salina inferiore all'1%.
- Saccarofili: richiedono alte concentrazioni di zucchero; saccarofili sono anche i lieviti.

Nutrienti

I microrganismi utilizzano composti chimici inorganici e organici che trovano nell'ambiente.

Composti inorganici – L'ossigeno condiziona più degli altri la crescita dei batteri. È indispensabile per la respirazione cellulare dei batteri aerobi obbligati. Per gli anaerobi stretti è un vero e proprio veleno. Gli anaerobi facoltativi impiegano preferibilmente l'ossigeno, ma in sua assenza innescano cicli di fermentazione.

La CO_2 è ridotta dai batteri fotosintetizzanti per produrre composti organici; i batteri aerobi e gli anaerobi facoltativi la inseriscono nei cicli di sintesi dei propri elementi. Oltre che dall'atmosfera, la CO_2 deriva dai cicli di degradazione chimica operati dai batteri stessi.

1

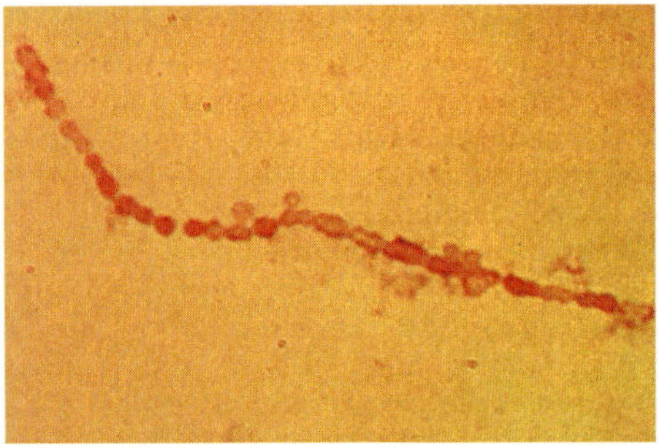

2

1. Un ambiente estremo colonizzato da batteri: il geyser Castle nel parco di Yellowstone.

2. Streptococco termofilo al microscopio ottico.

3. Grafico dello sviluppo batterico in funzione della temperatura.

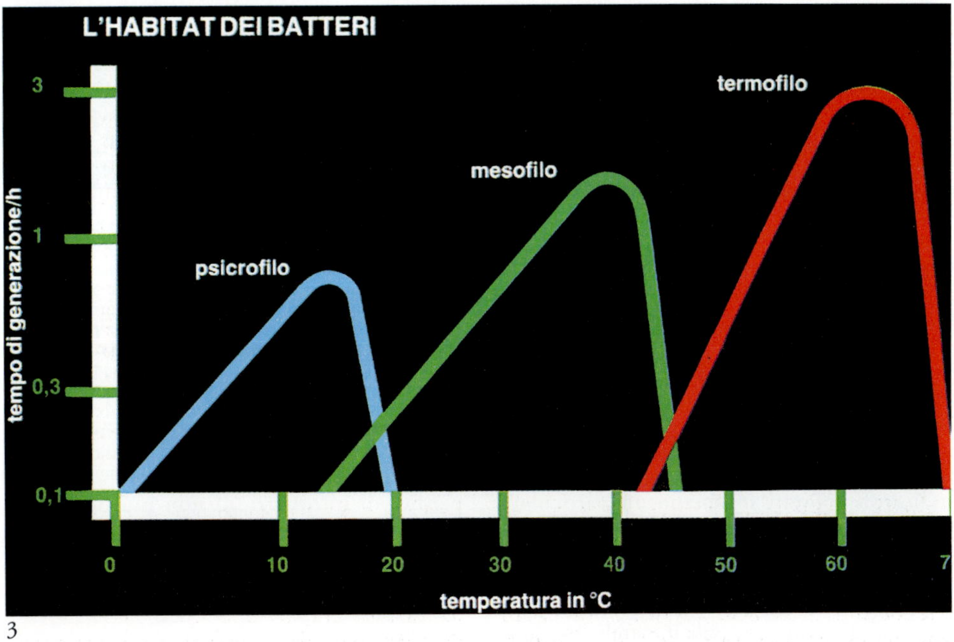

3

La CO_2 è un fattore limitante del metabolismo, poichè livelli troppo bassi rallentano o arrestano la crescita dei microrganismi.
Gli elementi minerali sono utilizzati come cofattori di enzimi o come componenti di molecole complesse.
Composti organici – Sono l'unica fonte di carbonio e azoto dei microrganismi eterotrofi. Principali fonti di carbonio sono i glicidi; l'azoto è fornito dalle proteine o da peptoni. L'impiego delle diverse fonti di energia dipende dal corredo enzimatico dei microrganismi, di conseguenza è possibile caratterizzare una specie batterica sulla base del suo metabolismo.
I fattori di crescita sono composti organici che i microrganismi non producono e devono essere disponibili nell'ambiente; fattori di crescita sono le vitamine, alcuni amminoacidi, le basi azotate e gli acidi grassi.

Terreni di coltura

Nel laboratorio di microbiologia, per ottenere le colture pure, si ricrea l'ambiente adatto alla crescita in terreni colturali contenenti le sostanze che favoriscono il metabolismo dei batteri in modo selettivo e mirato. La formulazione dei terreni colturali può essere semplice o arricchita con composti di derivazione animale o vegetale, che soddisfano le esigenze nutrizionali dei batteri.
Gli autotrofi crescono facilmente anche su mezzi colturali sintetici; gli eterotrofi richiedono spesso miscele di nutrienti contenenti peptoni, estratti di lievito o vitamine. I terreni selettivi consentono la crescita veloce ed abbondante di singole specie batteriche.
Un terreno colturale ottimale deve contenere donatori ed accettori di idrogeno, fonti di carbonio e di azoto, zolfo, fosforo, sali inorganici ed eventualmente vitamine e fattori di crescita. L'acqua, sempre presente nei terreni, fornisce ossigeno e idrogeno.
Nel caso di batteri esigenti, si può aggiungere nei terreni siero, sangue o liquido ascitico, oppure carboidrati, Ca, Mg, Mn, Na. Gli indicatori colorati segnalano un particolare metabolismo, virando in presenza di variazioni di pH.
I terreni liquidi si possono preparare con l'infusione di carne tritata a 4 °C per un giorno e aggiunta di vitamine e sali minerali. In commercio esistono liofilizzati da reidratare al momento dell'uso.
I terreni solidi si ottengono aggiungendo gelatina, albumina o agar al terreno liquido. L'agar, il mezzo di solidificazione più usato, è un polisaccaride che si scioglie a 98 °C e riprende la sua consistenza gelatinosa a 42 °C; è semplice da preparare e non è metabolizzabile dalla maggior parte dei batteri, perciò non altera le proprietà del terreno.

Origine ed evoluzione dei batteri

I primi fossili di protobionti risalgono a 3,5 miliardi di anni fa e sono di forma sferica o filamentosa, simile a quello di batteri attuali; i fossili possiedono una parete cellulare omogenea e molto probabilmente sono eterotrofi. Da questi progenitori si sarebbero presto originate due linee evolutive: Archaea e Bacteria. Gli Archaea attuali hanno caratteristiche genetiche simili in parte a quelle dei batteri, in parte a quelle degli eucarioti, oltre a molti geni diversi da quelli noti. Esempi sono i metanobatteri ed i batteri estremofili, capaci di vivere in condizioni ambientali proibitive.
Circa 2,4 miliardi di anni fa, sono comparsi i cianobatteri (Alghe azzurre) che, producendo ossigeno gassoso attraverso la fotosintesi ossigenica, hanno contribuito ad arricchire di ossigeno l'atmosfera; da circa 1,5 miliardi di anni la percentuale di ossigeno è costante. Nel frattempo, i cianobatteri hanno prosperato e per alcuni miliardi di anni sono stati i microrganismi predominanti; in seguito si sono aggiunti gli sporigeni e gli actinomiceti. Gli eucarioti sono comparsi circa 1,1 miliardi di anni fa. Esistono due ipotesi sulla loro origine: la simbiotica e la asimbiotica. L'ipotesi simbiotica sostiene che gli eucarioti si sono sviluppati dall'aggregazione di procarioti ancestrali: i procarioti anaerobi di grosse dimensioni avrebbero inglobato per endocitosi piccoli procarioti aerobi, instaurando una simbiosi mutualistica. Su queste basi si ipotizza l'origine procariote dei mitocondri e dei cloroplasti, che deriverebbero da batteri per la progressiva perdita di informazioni non più necessarie grazie al metabolismo della cellula che li ospita. L'ipotesi asimbiotica, meno accreditata della precedente, sostiene che gli organuli si sono formati all'interno di un grosso procariote per progressive tappe evolutive.

Tipo di batteri	Condizioni ambientali	Esempi
Aerobi obbligati	Vivono solo in presenza di ossigeno, la cui mancanza è letale.	Micrococcus
Anaerobi stretti	Vivono solo in assenza di ossigeno, che è letale a concentrazioni superiori allo 0,5%.	Clostridium
Anaerobi facoltativi	Vivono di solito in presenza di ossigeno, ma in mancanza di questo utilizzano la fermentazione, che non richiede ossigeno.	Maggior parte dei batteri
Anaerobi aerotolleranti (o moderati)	Sopravvivono in presenza di ossigeno in concentrazioni comprese tra il 2 e l'8%, ma ricavano l'energia dalle fermentazioni.	Streptococcus
Microaerofili	Vivono in ambienti con bassa concentrazione di ossigeno, che risulta dannosa oltre il 5%.	Campylobacter

1

1. Tabella riassuntiva dei tipi di batteri.

2a

2b

2a-2b. Prelievo di microrganismi da acqua dolce. Le dimensioni delle maglie del retino selezionano i microrganismi, che rimangono intrappolati nei contenitori; in particolare, si selezionano alghe azzurre del fitoplancton.

I cicli della biosfera

I cicli della biosfera (biogeochimici) sono veri e propri cicli metabolici della Terra; sono composti da molteplici tappe, alcune delle quali coinvolgono molecole inorganiche nel terreno, nell'acqua o nell'aria e molecole organiche che partecipano a cicli metabolici di diversi organismi. I batteri e i funghi intervengono direttamente nei cicli del carbonio, dell'azoto, dello zolfo e dell'ossigeno.

Ciclo del carbonio

Il ciclo del carbonio coinvolge la CO_2 nell'atmosfera o nell'acqua e gli esseri viventi attraverso due vie metaboliche: la fotosintesi e la respirazione.

La fotosintesi trasforma la CO_2 atmosferica in carboidrati ed ossida H_2O a O_2, grazie all'energia luminosa. Il ciclo inizia con la fotosintesi operata da alghe azzurre, batteri fotosintetizzanti e piante. I composti organici prodotti con la fotosintesi sono una fonte di energia per gli organismi eterotrofi, i quali trasformano con la respirazione O_2 e carboidrati in H_2O e CO_2, che ritorna nell'atmosfera. Il ciclo del carbonio comprende anche la respirazione cellulare delle radici; inoltre i microrganismi decompositori del terreno decompongono gli organismi morti ed i rifiuti organici con produzione di CO_2, che diffonde nel terreno e fa ritorno all'atmosfera. La CO_2 che ritorna nell'atmosfera si libera anche dalla combustione delle riserve di carbonio minerale (calcare e combustibili fossili) operata dall'uomo.

Ciclo dell'azoto

L'azoto rappresenta circa il 79% dei gas nell'atmosfera e negli organismi viventi si trova negli amminoacidi, nei nucleotidi ed in alcune molecole organiche cicliche. Alcuni microrganismi utilizzano N_2 gassoso, altri esseri viventi lo metabolizzano per lo più sotto forma di nitrato (NO_3^-).

La prima tappa è la fissazione dell'azoto, che può essere atmosferica, biologica e industriale. La fissazione atmosferica fotochimica è conseguente a fenomeni ionizzanti (radiazioni, fulmini) che forniscono l'energia per le seguenti reazioni:

$$N_2 \rightarrow 2N$$
$$2N + 3H_2 \rightarrow 2NH_3$$
$$N + O_2 \rightarrow NOx$$

La via biologica permette la fissazione di quantità maggiori di azoto ed è operata dalle alghe azzurre e da *Nostoc* e *Anaboena*, che combinano N_2 con H_2; nel terreno l'azoto può essere fissato da batteri simbionti o non-simbionti.

La fissazione non-simbiotica dell'azoto è tipica di *Azotobacter*, che vive libero nel terreno. La fissazione simbiotica avviene nei tubercoli radicali; ad esempio i batteri del genere *Rhizobium* vivono in simbiosi con le radici delle leguminose, dove formano noduli; con questa simbiosi la pianta può disporre di azoto metabolizzabile e migliorare la crescita, in cambio i batteri ricevono sostanze nutritive.

Nella fissazione industriale, l'azoto atmosferico è fatto reagire con H_2 e O_2 per ottenere nitrati da impiegare come fertilizzanti. Indipendentemente dalla via di fissazione dell'azoto, nel terreno si ritrovano i suoi prodotti: ammoniaca, nitriti e nitrati.

I nitrati sono utilizzati dalle piante per costruire i composti azotati, l'ammoniaca ed i nitriti sono convertiti in nitrati da parte dei batteri nitrificanti. I batteri del genere *Nitrosomonas* ossidano l'ammoniaca a nitriti con la reazione:

$$2NH_3 + 3O_2 \rightarrow 2HNO_2 + 2H_2O$$

I batteri del genere *Nitrobacter* ossidano ulteriormente i nitriti a nitrati:

$$2HNO_2 + O_2 \rightarrow 2HNO_3$$

I nitrati prodotti dai batteri nitrificanti o dalla fissazione dell'azoto sono assorbiti dalle piante ed entrano nei cicli di sintesi dei composti azotati. Le piante sono fonte di azoto organico per gli esseri viventi, i quali restituiscono l'azoto al terreno sotto forma di ammoniaca con le deiezioni e la decomposizione. Il ciclo ricomincia con l'intervento dei batteri nitrificanti, ad esempio con la nitroammonificazione di *Pseudomonas*:

$$2C_6H_{12}O_6 + 6NO_3^- \rightarrow 12CO_2 + 6OH^- + 6NH_3$$

I batteri denitrificanti (alcune specie di *Ser-*

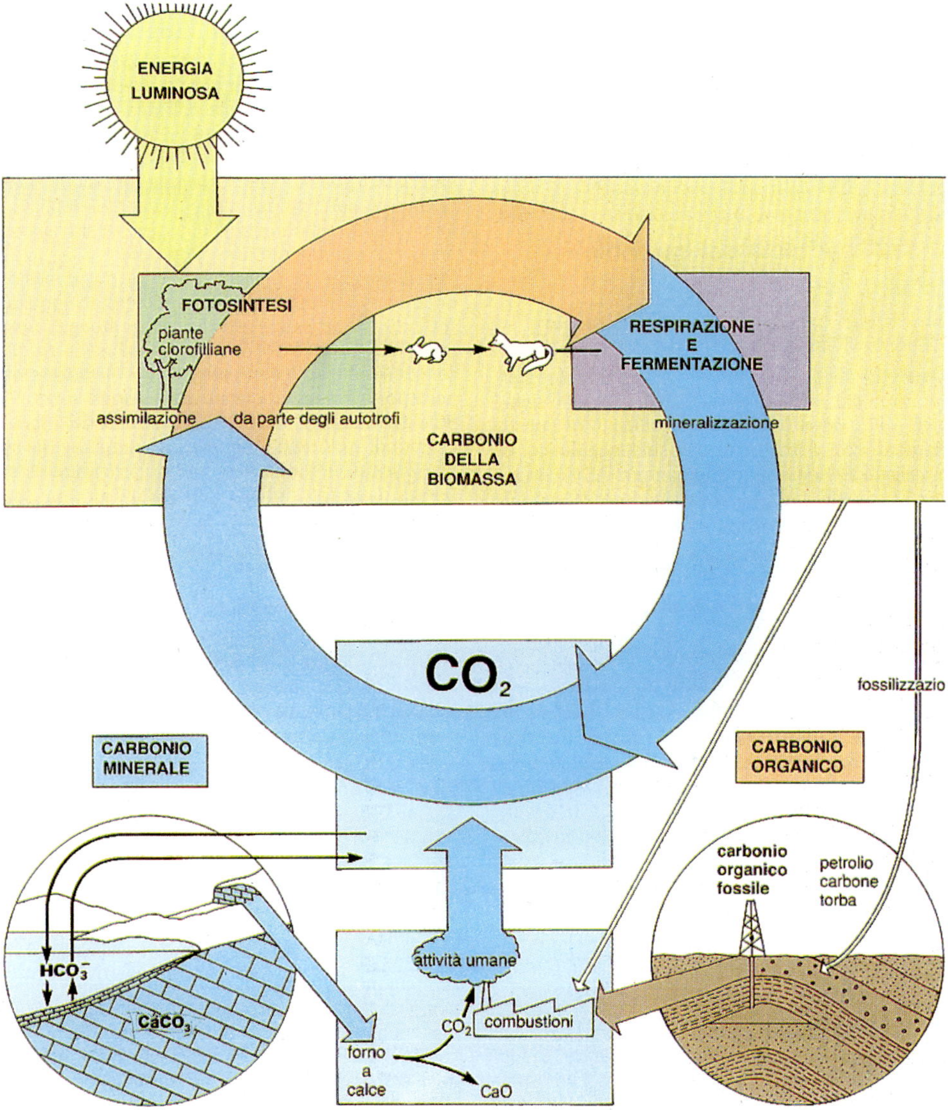

Ciclo del carbonio

ratia, Pseudomonas e *Micrococcus*) restituiscono l'azoto all'atmosfera riducendo i nitrati di origine organica a N_2. La denitrificazione avviene più facilmente in anaerobiosi: ad esempio, un terreno argilloso saturo di acqua e ricco di sostanze organiche e di nitrati è l'ambiente ideale per i batteri denitrificanti; le conseguenze sono dannose perchè sottraggono i nitrati alle piante e impoveriscono il terreno. La reazione globale è:

$$2C_6H_{12}O_6 + 6NO_3^- \rightarrow 12CO_2 + 3\,H_2O + 6OH^- + 3N_2O$$

L'uso prolungato dei fertilizzanti chimici è stato integrato nel ciclo dell'azoto e rappresenta un esempio dell'intervento dell'uomo sui cicli della biosfera. I fertilizzanti chimici, la coltivazione di leguminose su larga scala, gli scarichi domestici e industriali arricchiscono il terreno di nitrati, che sopperiscono alle perdite dovute al prelievo da parte delle piante, alla denitrificazione batterica e al dilavamento del terreno. L'intervento dell'uomo non è sempre bilanciato dai processi denitrificanti, di conseguenza nel terreno si accumulano eccessive quantità di composti azotati, che sono gradualmente allontanati dalle acque di dilavamento verso i bacini idrici. Qui le alghe proliferano abbondantemente per l'ampia disponibilità di sostanze azotate. L'intensa attività biologica delle alghe sottrae O_2 agli altri organismi aerobi e ne provoca la morte; favorendo i microrganismi anaerobi della putrefazione. Lo sviluppo sbilanciato di alghe e microrganismi blocca i fenomeni biologici nell'acqua e altera gli equilibri naturali (eutrofizzazione).

Ciclo dello zolfo
Il ciclo dello zolfo si completa nel terreno: inizia con l'ossidazione dello zolfo elementare da parte di batteri *(Thiobacillus thiooxidans)* che lo trasformano in solfato; altre importanti fonti di zolfo sono i solfati inorganici (gesso, solfato di calcio e solfato di magnesio). Le piante assorbono il solfato dal terreno e lo utilizzano per la sintesi di amminoacidi e proteine solforate. Il ciclo prosegue con la catena alimentare degli animali.
Molti batteri eterotrofi sottraggono lo zolfo dai composti solforati dei rifiuti organici e degli organismi morti e lo rilasciano nel terreno sotto forma di H_2S; altri batteri *(Proteus)* riducono i solfati del terreno in ambiente anaerobio, producendo direttamente H_2S. L'acido solfidrico di origine organica e derivante dai solfati è impiegato dai solfobatteri rossi e dai verdi fotosintetizzanti come donatore di elettroni per ridurre la CO_2; i solfobatteri vivono in acque poco profonde. Il prodotto terminale è lo zolfo elementare, che riprende il ciclo di trasformazioni.

Ecologia microbica

Interazioni microbiche
Le modalità di interazione tra le diverse specie microbiche e con gli organismi-ospite sono:

- Neutralismo: due specie condividono il medesimo habitat, senza influenzarsi a vicenda.
- Competizione: due o più specie hanno corredi enzimatici simili con le medesime esigenze nutritizie ed entrano in competizione per lo sfruttamento dei nutrienti; i microrganismi meglio adattati all'habitat sopravvivono a scapito degli altri.
- Antagonismo: una specie produce sostanze tossiche che condizionano la sopravvivenza di altre specie nel medesimo habitat. L'antagonismo si manifesta con la produzione di sostanze che agiscono come messaggi chimici: alcune di queste, come gli antibiotici, sono dannose e spesso mortali; altre servono per segnalare la propria presenza alle altre specie presenti nell'habitat. L'antagonismo è diffuso tra batteri, funghi e alghe.
- Commensalismo: una specie si avvantaggia, ma senza influenzare o provocare danni alle altre nell'habitat. Ad esempio, i microrganismi anaerobi si sviluppano in un microambiente privo di ossigeno grazie alle specie aerobie che lo hanno consumato. Un altro esempio è dato da *Staphylococcus aureus* e *Haemophilus influenzae:* il primo produce NAD, il secondo lo utilizza per il proprio metabolismo; per questo nei terreni colturali piccole colonie satelliti di *H. influenzae* circondano grosse colonie di *S. aureus.* Altri microrganismi possono sintetizzare vitamine o fattori di crescita indispensabili per altre specie.
- Mutualismo (simbiosi mutualistica): entrambe le specie traggono vantaggi e si scam-

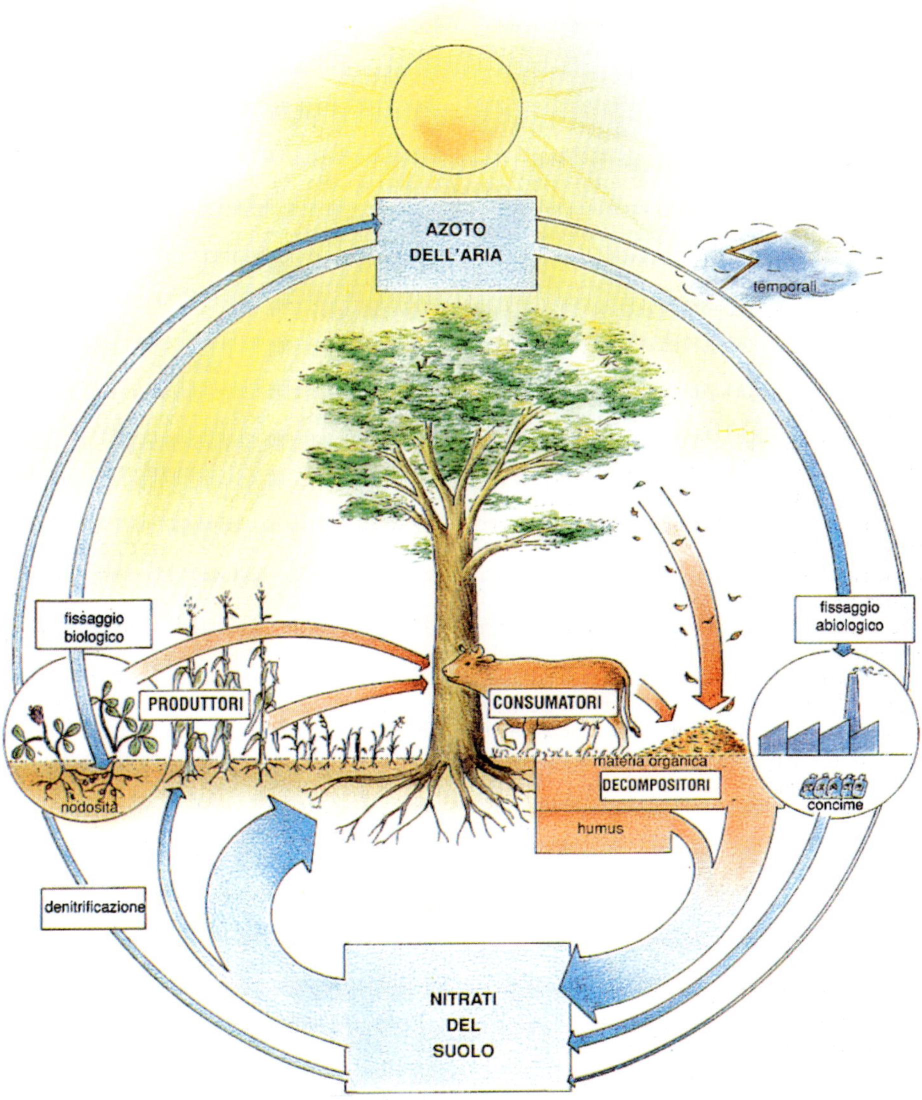

Ciclo dell'azoto

biano sostanze nutritive essenziali. Il lichene è un esempio di mutualismo tra alga e fungo: il fungo trattiene l'acqua per l'alga, la quale ricambia producendo mediante fotosintesi glucosio e alcoli polivalenti che il fungo metabolizza. Il mutualismo si osserva anche nelle micorrize, associazione tra funghi del terreno e le radici di piante superiori. I funghi sono azotofissatori e forniscono l'azoto in forma adatta al metabolismo delle piante, che a loro volta garantiscono ai funghi protezione, acqua e composti organici preformati. Si ha l'ectomicorriza se il fungo si trova nel terreno circostante alle radici (rizosfera); l'endomicorriza se il fungo penetra all'interno delle cellule radicali

- Predazione: il predatore caccia la preda e la uccide per nutrirsi. La predazione è presente tra i protozoi ed i batteri. Ad esempio i protozoi *Didinium* predano e inglobano i protozoi *Paramecium;* tra i batteri, *Cyclobacter costrictor* avvolge i batteri, li uccide e li digerisce.
- Parassitismo: è un meccanismo con una forte spinta evolutiva, dove una specie si avvantaggia a spese di un'altra, sovente fino a provocare la morte di quest'ultima. L'ospite non è solo la fonte alimentare per il parassita, ma è anche un rifugio e un veicolo per la sua diffusione e in alcuni casi è l'incubatrice della progenie. I rapporti tra ospite e parassita sono talmente stretti che spesso è difficile cogliere le differenze tra commensalismo e parassitismo. Vi sono vari gradi di parassitismo, in proporzione alla dipendenza biochimica del parassita dall'ospite: a maggiori necessità metaboliche corrisponde un maggior grado di parassitismo.

Comunicazioni nella popolazione batterica

I primi studi sulla comunicazione tra batteri risalgono agli anni '70, ma solo recentemente è stato chiarito che molti metaboliti secondari prodotti dai batteri in quantità molto ridotte sono molecole per la comunicazione. Infatti i batteri producono un'ampia varietà di sostanze apparentemente poco utili, che invece si sono rivelate importanti per comunicare con gli altri componenti della popolazione. E' inoltre possibile che alcune sostanze prodotte in elevate quantità abbiano funzioni difensive, mentre in piccole quantità servano come mezzo di comunicazione. Una volta prodotte, queste molecole si legano alla superficie dei batteri-bersaglio, ed il messaggio viene trasferito all'interno per organizzare la risposta opportuna. La trasduzione del messaggio è assicurata da due tipi di proteine: il dominio intracellulare di un recettore di membrana e le proteine citoplasmatiche per la regolazione della risposta. Questo meccanismo regola: il trasporto di sostanze nelle porine; la glutamina sintetasi, che controlla l'ingresso dello ione ammonio nel metabolismo anaerobio dell'azoto; la chemiotassi verso i nutrienti oppure lontano dai veleni.

Il sistema di regolazione è composto da recettori di membrana e dall'istidina-chinasi, enzima citoplasmatico che monitorizza costantemente l'ambiente. La demetilazione di un residuo di acido glutammico di una catena laterale delle proteine di membrana ne provoca la desensibilizzazione.

I segnali servono anche per comunicare con individui della stessa specie o di specie differenti, anche di organismi superiori, come nel caso di *Rhizobium* a vita libera che condivide l'habitat con le radici delle leguminose. La comunicazione tra le due specie inizia con la produzione di un flavonoide da parte della leguminosa per attirare i batteri; a loro volta, questi inducono la pianta a formare i noduli radicali, dove si trasformano in batteroidi e producono nitrati a partire dall'azoto elementare. I nitrati così prodotti saranno utilizzati dalla pianta.

Un altro esempio è dato da *Anabaena*, un genere di batteri fotosintetici degli stagni, che sotto forma di cellula singola esegue in tempi diversi la fotosintesi e la fissazione dell'azoto. Se i composti azotati nell'ambiente sono adeguati al metabolismo, la colonia di *Anabaena* opera la fotosintesi; quando si abbassa la concentrazione di azoto, alcune cellule si specializzano e provvedono alla sua fissazione. Per scambiare le sostanze prodotte dai diversi elementi della popolazione, tra i singoli individui della colonia si creano canali submicroscopici di collegamento.

Infine, *Dictyostelium discoideum*, una muffa mucosa (slime mold), presenta una differenziazione cellulare a partire da singoli individui. I *Dictyostelium* si nutrono tramite pseudopodi e conducono una vita solitaria; in condizioni

1
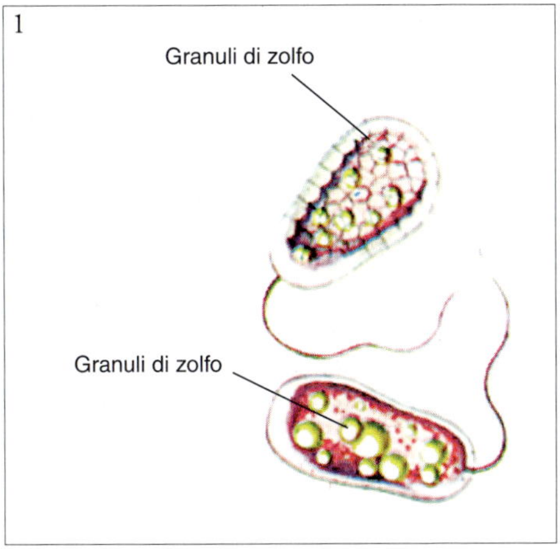

2
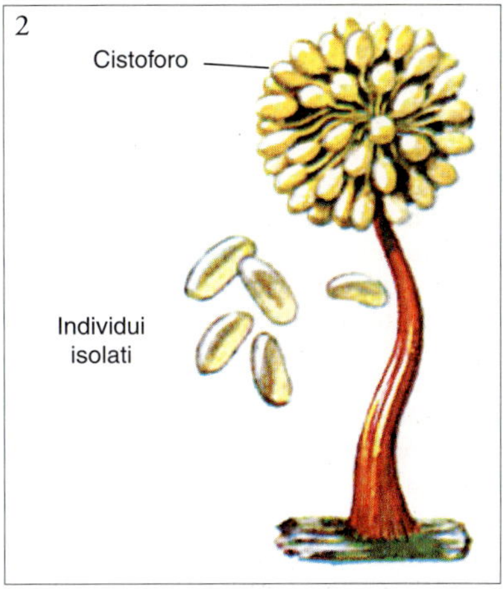

3
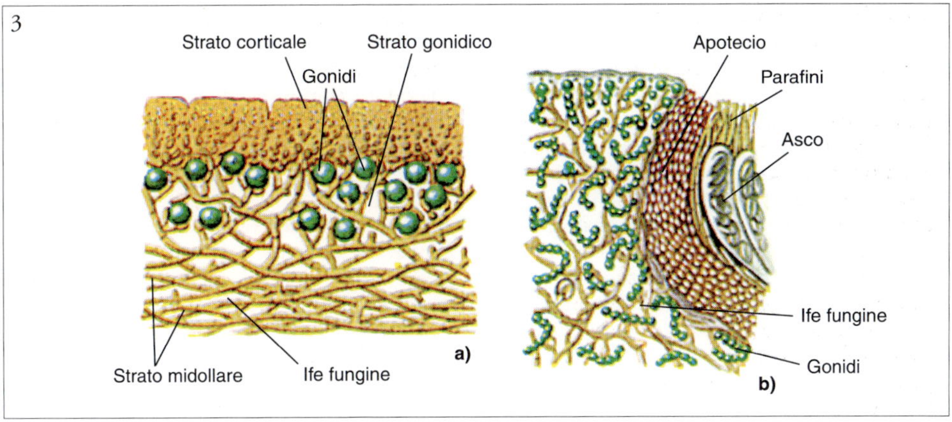

4
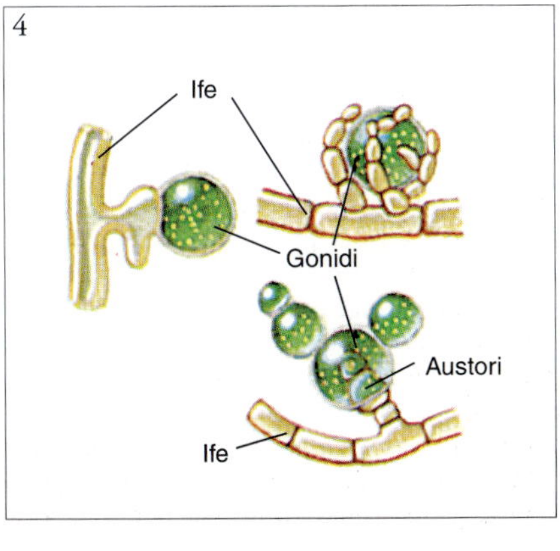

1. Solfobatteri.

2. Mixobatterio: esempio delle due organizzazioni di *Chondromyces pediculatus*: i singoli individui si aggregano nella complessa struttura con il gambo.

3. Licheni: il termine gonidi indica la componente algale.

4. Diverse forme di associazione tra alga e fungo.

ambientali avverse, i singoli individui si aggregano in risposta ad un segnale biochimico rappresentato dall'AMP ciclico. Il gruppo (o forma migrante) è costituito al massimo da centomila individui ed assume una forma di lumachina. L'aggregato si sposta strisciando in cerca di un nuovo ambiente favorevole alla riproduzione. In questo stadio alcune cellule si differenziano in spore e in cellule del gambo. Terminata la migrazione, l'aggregato si organizza in un corpo fruttifero, formato dal gambo e dallo sporangio con le spore. Queste sono liberate nel nuovo ambiente e danno origine a nuovi individui ameboidi, che riprendono il ciclo. La molecola della differenziazione di *Dictyostelium discoideum* è il fattore inducente la differenziazione (DIF), una molecola solubile in acqua e nei lipidi, in modo da poter passare da citoplasma a citoplasma di cellule adiacenti.

La flora microbica normale nell'uomo
La flora microbica è composta da microrganismi che colonizzano superfici corporee esposte o cavità comunicanti con l'esterno: la cute, la cavità orale, il tratto gastrointestinale, le vie respiratorie, le vie urinarie e la vagina sono le sedi dove si sviluppa la flora microbica residente. Prima della nascita, il feto è microbiologicamente sterile, perchè è protetto dalla placenta, che blocca gran parte dei microrganismi. Solo pochi agenti patogeni possono attraversare la placenta e infettare il feto: tra i batteri, *Listeria monocytogenes*, e *Treponema pallidum*; tra i virus, *Rubivirus* e *Cytomegalovirus*; tra i protozoi, *Toxoplasma gondii*. Alla nascita, il neonato viene colonizzato dai batteri della vagina materna e del microambiente circostante; nelle ore seguenti al parto, riceve i microrganismi dall'ambiente e dalle persone. Nei giorni successivi, la flora microbica del neonato si adatta alle condizioni del suo corpo: la selezione segue le regole di un ecosistema stabile e, se le interazioni con l'ospite non si alterano, stabilizza la composizione della microflora. Si instaura così un equilibrio tra l'organismo e la flora microbica, che comporta diversi vantaggi e non crea danni, almeno finchè si mantiene l'equilibrio o i microrganismi rimangono nella zona di colonizzazione. Tra i vantaggi vi è l'antagonismo batterico (o interferenza batterica), secondo il quale la microflora residente difende il proprio habitat e impedisce lo sviluppo di altri microrganismi nel medesimo organo. Inoltre, la microflora stimola il sistema immunitario dell'ospite. Traumi, deficit alimentari, prolungate terapie antibiotiche o l'abbassamento delle difese immunitarie possono alterare l'equilibrio ecologico; come conseguenza, alcune specie residenti si sviluppano senza controllo e si manifestano le infezioni da opportunisti. In modo analogo, batteri che nella loro sede non sono dannosi, diventano patogeni quando si spostano in organi diversi da quelli residenti.

Cute
La microflora cutanea è eterogenea, perchè è a contatto con l'ambiente circostante. Le zone più umide e le aree più vicine agli orifizi sono più ricche di batteri; nelle altre zone il pH acido, la poca acqua e la scarsità di nutrienti non consentono l'abbondante sviluppo dei microrganismi. La microflora cutanea è continuamente rinnovata perché le cellule morte dello strato superficiale dell'epidermide desquamano portandosi con sé i microrganismi.

Apparato digerente
L'apparato digerente è la sede con il maggior numero di microrganismi e la più ampia varietà di specie.
Cavo orale – Viene colonizzato molto precocemente, già durante il parto nel passaggio attraverso il canale vaginale materno; nelle successive 5-12 ore si sviluppano diversi tipi di microrganismi, derivanti dall'ambiente e dalle persone a contatto con il neonato. I primi microrganismi che compaiono sono *Streptococcus salivarius*, lattobacilli e *Candida albicans*. Nella microflora orale dell'adulto si riscontrano circa 200 diverse specie batteriche. I batteri si distribuiscono dovunque nel cavo orale; sui denti si organizzano nella placca batterica, dove la popolazione diventa molto densa (10^{11} batteri/g). La placca batterica va rimossa meccanicamente con lo spazzolino perché favorisce lo sviluppo degli anaerobi ed è un ottimo rifugio dei batteri. La composizione della microflora dipende dalle abitudini alimentari e soprattutto dalle condizioni igieniche del cavo orale; se queste sono trascurate, può manifestarsi la carie, dovuta alla liberazio-

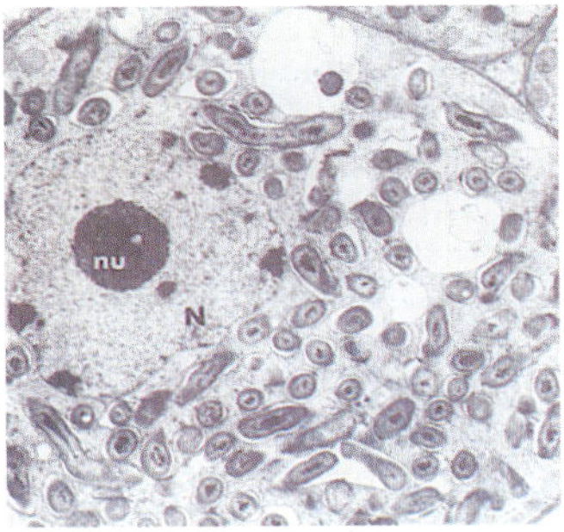

1

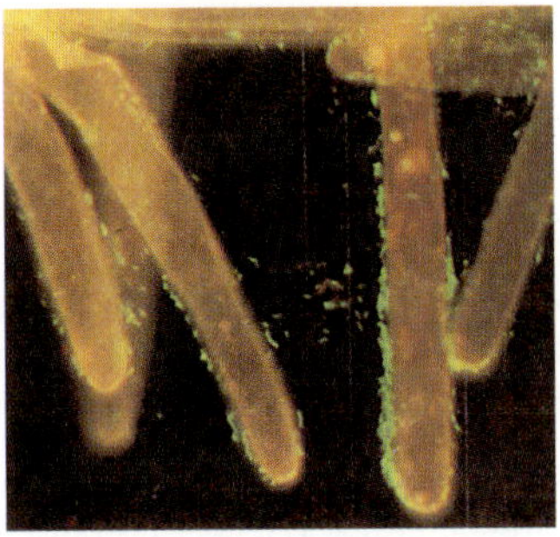

2

1. Foto di batteri del genere *Rhizobium* nelle cellule dei tubercoli radicali di una pianta di lupino.

2. L'inizio della colonizzazione radicale coincide con l'ingresso nei peli della radice.

3. Interazione tra *Rhizobium* e radice di una leguminosa: la cellula vegetale produce flavonoidi che richiamano i batteri verso i peli radicali e li inducono a produrre il fattore Nod. In risposta la radice prepara i noduli, nei quali i batteri si trasformano in batteroidi e producono nitrati.

3

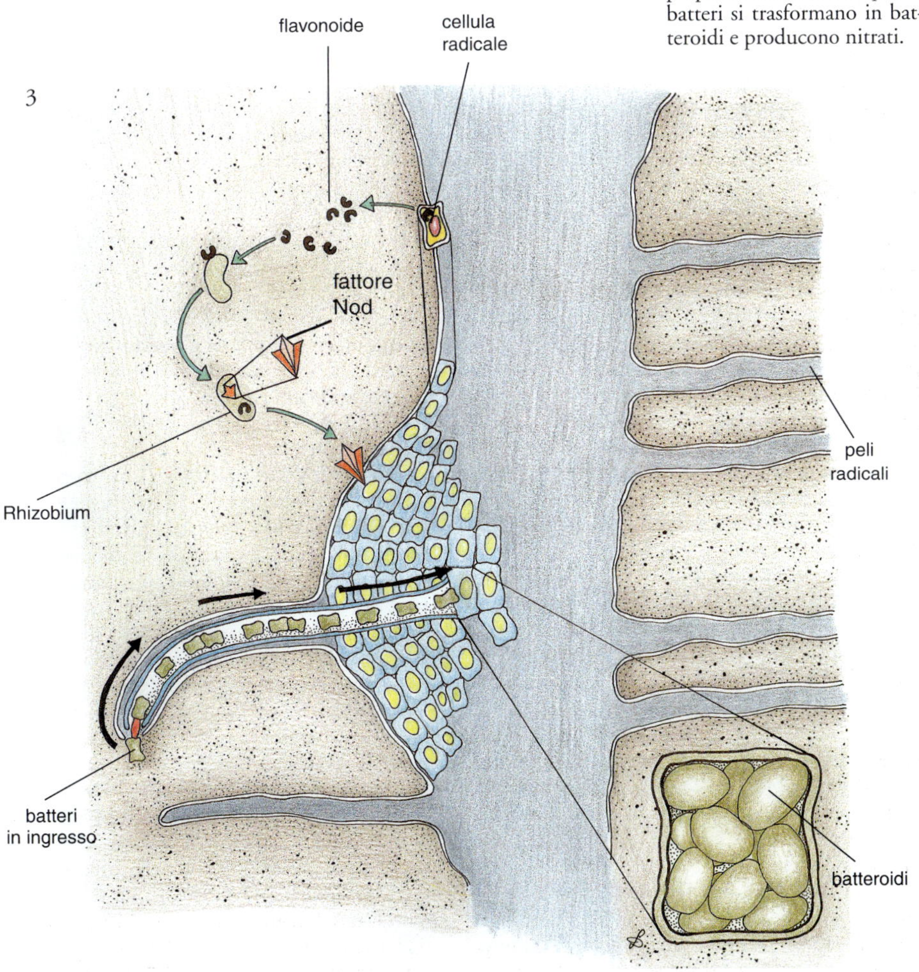

ne di acidi dalla fermentazione batterica dei glicidi contenuti nei residui alimentari. Il principale responsabile della carie è *Streptococcus mutans.*

Stomaco – I microrganismi nello stomaco sono pochi (10^3–10^4 batteri/ml di liquido gastrico) a causa dell'ambiente molto acido e della peristalsi rapida. Pertanto, i batteri isolati dallo stomaco sono da considerarsi di passaggio, più che appartenenti ad una microflora residente. Fa eccezione *Helicobacter pylori.*

Intestino – La microflora intestinale non si sviluppa spontaneamente nei neonati, ma colonizza regioni intestinali in tempi diversi dopo la nascita e diventa tipica di ciascun individuo. Il duodeno e il digiuno contengono relativamente pochi batteri, soprattutto lattobacilli acido-tolleranti e streptococchi sopravvissuti al passaggio attraverso lo stomaco. L'ileo ospita una microflora più varia e più abbondante (10^8 batteri/ml di contenuto intestinale), grazie alla peristalsi ridotta ed ai minori potenziali redox; per questo è considerato una "zona di transizione" tra l'intestino prossimale, più povero di batteri, e l'intestino crasso, dove la flora residente è abbondantissima. Nel crasso la microflora trova le migliori condizioni di crescita: i nutrienti sono abbondanti, l'ambiente è basico, la peristalsi è molto lenta ed i potenziali redox molto bassi. Di conseguenza la microflora si sviluppa enormemente sia come numero di specie (tra 400 e 500), sia come numero di individui (10^{10}-10^{11} batteri/ml di contenuto intestinale). Oltre il 99% della microflora intestinale è costituito da anaerobi obbligati (es: *Bacteroides fragilis*), il resto da anaerobi facoltativi (es.: *Escherichia coli* ed altri coliformi). L'ambiente intestinale non è unico, ma presenta almeno quattro nicchie: il lume del crasso, la zona superficiale del muco, lo strato profondo del medesimo a contatto con le cripte intestinali e la parete epiteliale. Ciascuna di queste nicchie è colonizzata da popolazioni differenti: ad esempio gli anaerobi obbligati interagiscono intimamente con la superficie dell'epitelio e formano strati continui sulla mucosa che mantengono l'equilibrio della microflora residente.

La flora microbica svolge nell'intestino le seguenti attività:

- Digestione di proteine filamentose e cellulosa, che l'uomo non può demolire perchè non possiede gli enzimi specifici.
- Produzione di vitamine che integrano quelle della dieta.
- Stimolazione del sistema immunitario: piccole quantità di batteri attraversano la parete intestinale ed entrano nella circolazione linfatica e nei linfonodi intestinali e mesenterici; qui vengono a contatto con le cellule di difesa che, nell'individuo sano, li uccidono per evitare la diffusione nel fegato, nella milza o nel sangue. Il sistema immunitario è costantemente stimolato e può organizzare una risposta più rapida ed efficace contro microrganismi patogeni.
- Antagonismo batterico: l'equilibrio tra le specie della microflora intestinale ostacola lo sviluppo di batteri esogeni potenzialmente patogeni.

Apparato respiratorio

La flora microbica nella laringe e nella trachea è simile a quella del cavo orale, ma è meno abbondante; nell'albero respiratorio la microflora si riduce fino a scomparire negli alveoli polmonari. Composizione e densità della flora microbica sono controllate dal muco, che invischia i batteri e viene allontanato verso la laringe dalle ciglia dell'epitelio; inoltre lisozima e IgA, abbondanti nel muco, agiscono direttamente sui batteri.

Apparato urogenitale

La microflora batterica colonizza normalmente solo l'uretra, dove di solito è piuttosto esigua o addirittura assente, come nell'uretra femminile. Valori superiori a 100.000 colonie/ml di urina è indice di infezione delle vie urinarie.

Tra gli organi genitali, solo quelli esterni ospitano una microflora batterica. Nel maschio, il glande ospita pochi batteri come quelli nella parte terminale dell'uretra. Nella femmina, la microflora vaginale cambia con l'età in relazione alle variazioni ormonali: dalla nascita si sviluppano i lattobacilli; prima della pubertà la microflora diventa mista perché si aggiungono cocchi e bacilli; in età fertile prevalgono nuovamente i lattobacilli; nella menopausa la microflora torna ad essere mista. I lattobacilli mantengono l'ambiente vaginale acido (pH 4-6) e impediscono così lo sviluppo di altri microrganismi potenzialmente patogeni.

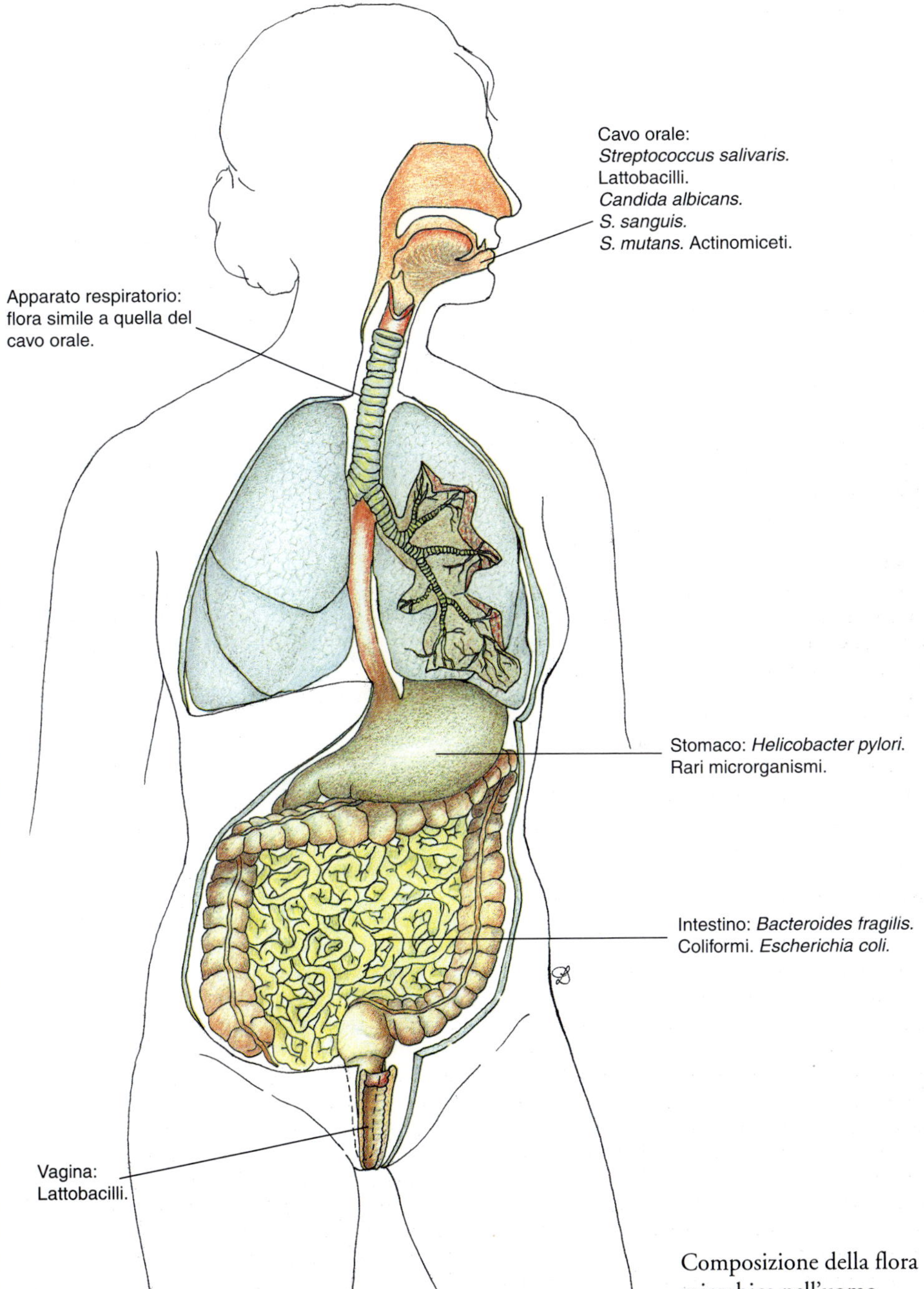

Composizione della flora microbica nell'uomo.

Rickettsie e Clamidie

Rickettsie e Clamidie sono parassiti obbligati endocellulari, incapaci di vivere e riprodursi senza una cellula-ospite. Benché siano procarioti dotati di ribosomi e capaci di sintetizzare in modo autonomo alcuni composti, sono costretti a vivere da parassiti perché mancano di alcuni substrati che trovano solo in altri organismi.

Rickettsie

Struttura
Le Rickettsie hanno forma coccoide o coccobacillare, con diametro di 0,4 μm, ma dimostrano un notevole pleiomorfismo; sono Gram$^-$. Il citoplasma contiene ribosomi e vacuoli; il materiale genetico, costituito da DNA, non è circondato dalla membrana nucleare. In alcuni ceppi la parete è circondata dalla capsula. Il citoplasma è delimitato dalla membrana plasmatica di natura lipoproteica; esternamente a questa c'è la parete cellulare contenente, come nei batteri, l'acido muramico. Il nome di questi microrganismi è stato dato da H.T. Ricketts che per primo li individuò come responsabili della febbre purpurica delle Montagne Rocciose.

Riproduzione e metabolismo
La riproduzione delle Rickettsie avviene per divisione semplice all'interno della cellula-ospite; quando questa è piena, si lisa liberando i nuovi microrganismi.
Le Rickettsie vivono abitualmente come ospiti dell'intestino di artropodi ematofagi, che non subiscono danni e talvolta instaurano una vera e propria simbiosi. La trasmissione da un ospite all'altro avviene attraverso le cellule-uovo dell'insetto (via transovulare) e coinvolge anche l'uomo, qualora sia morso dall'artropode. Nell'uomo l'infezione ha conseguenze patologiche. All'interno della cellula-ospite le Rickettsie sfruttano alcuni substrati (coenzima A, acido piruvico, amminoacidi, nucleotidi) che non possono sintetizzare, ma possiedono enzimi propri per la produzione di ATP. I substrati esterni penetrano facilmente nel parassita grazie all'elevata permeabilità della sua membrana plasmatica.
Se l'organismo è debilitato e le cellule-ospite hanno il metabolismo rallentato, le Rickettsie accelerano la loro attività metabolica ed il ritmo di riproduzione: questo potrebbe spiegare le grandi epidemie di tifo causate dalle Rickettsie durante le guerre e le carestie, quando le condizioni igieniche e di salute erano molto precarie. Sono sensibili ai chemioantibiotici. La coltivazione delle Rickettsie in laboratorio richiede cellule vive perchè sono parassiti endocellulari.

Clamidie

Struttura
Le Clamidie hanno forma sferica, del diametro di 0,3-0,7 μm e sono Gram$^-$. Sono cellule procariote circondate da una parete con acido muramico; all'interno vi sono DNA, RNA e ribosomi.

Riproduzione e metabolismo
La particella infettiva (corpo elementare) penetra nella cellula-ospite attraverso la normale fagocitosi. Il corpo elementare si trova nel citoplasma all'interno di un vacuolo, in cui si accresce e diventa corpo reticolato. Questo origina per scissione binaria numerosi corpi elementari e la cellula-ospite si riempie fino a lisarsi e liberare le particelle infettive, che potranno parassitare altre cellule-ospiti. I corpi elementari sono l'unica forma resistente all'esterno della cellula. Il ciclo riproduttivo non comprende artropodi vettori.
Diversamente dalle Rickettsie, le Clamidie dipendono dal metabolismo della cellula-ospite anche per l'apporto energetico, oltre che di alcuni substrati, dato che non hanno gli enzimi per la sintesi dell'ATP. Sono sensibili ai chemioantibiotici.
Come le Rickettsie, anche le Clamidie si coltivano su embrioni di pollo, colture cellulari o animali da laboratorio, in quanto sono parassiti obbligati dipendenti dal metabolismo della cellula-ospite.

Rickettsie patogene per l'uomo 1

Gruppo	Specie	Vettore	Malattia	Sintomi
Tifo	R. prowazekii	Pidocchio	Tifo epidemico o esantematico	Febbre con esantema emorragico
	R. typhi	Pulce	Tifo endemico	Febbre
Febbre purpurica	R. akari	Acaro	Rickettsialpox o rickettsiosi vescicolare	Febbre con esantema
	R. australis	Zecca	Tifo australiano	Febbre con esantema
	R. conori	Zecca	Febbre bottonosa del Mediterraneo	Febbre con edema dei linfonodi
	R. quintana	Zecca	Febbre quintana	Febbre, cefalea, esantema
	R. rickettsii	Zecca	Febbre purpurica delle Montagne Rocciose	Febbre con esantema
	R. sibirica	Zecca	Tifo siberiano	Febbre con esantema
	R. tsutsugamushi	Acaro	Febbre pluviale del Giappone	Febbre
Febbre Q	Coxiella burnetii	Via aerea	Febbre Q	Polmonite atipica

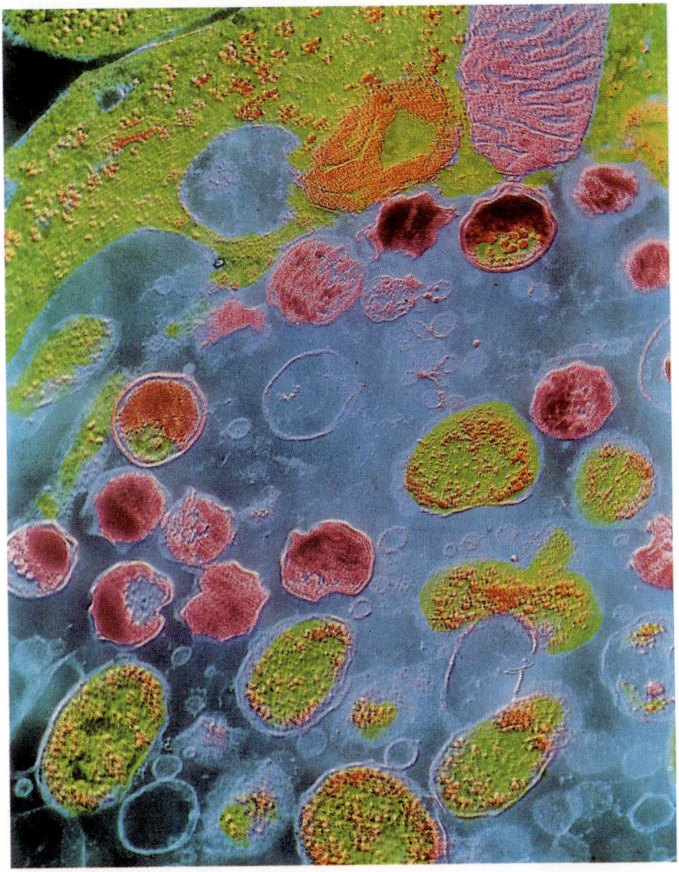

2

1. Le Rickettsie patogene per l'uomo.

2. Clamidie all'interno di una cellula osservata al microscopio elettronico, in falsi colori.

Miceti

I miceti (funghi) comprendono organismi eterotrofi semplici, non fotosintetizzanti, eucarioti con uno o più nuclei. Sono classificati nel Regno dei Fungi.
Possono presentarsi come lieviti, unicellulari e di forma ovoidale, oppure in forma filamentosa, nel qual caso formano il micelio, un vero e proprio tessuto con strutture differenziate. Alcuni funghi sono dimorfici, passano dalla forma lievitoide alla filamentosa e viceversa a seconda delle condizioni ambientali; spesso questo cambiamento induce la fase patogena. Le dimensioni dei funghi variano dai pochi μm dei lieviti ai diversi centimetri dei funghi a cappello. Sui terreni di coltura i miceti originano colonie caratteristiche.
I funghi patogeni per l'uomo (circa 200 specie) provocano micosi oppure intossicazioni o allergie. Quasi tutte le specie patogene si comportano da opportunisti ed hanno acquisito, con il diffondersi delle cure immunosoppressive e l'aumento delle immunodeficienze, una crescente importanza in quanto in molti casi sono mortali.
L'uomo sfrutta il metabolismo dei miceti per la panificazione e la produzione del vino e della birra.
Nell'ambiente, i funghi instaurano con i vegetali parassitismo e simbiosi. Tra questi ultimi vi sono i licheni e le micorrize.

Struttura
I funghi lievitoidi hanno cellule ben definite, quelli filamentosi sono separati in compartimenti fungini *(ife)*. In entrambi i casi si osservano la parete cellulare, la membrana plasmatica, gli organuli e uno o più nuclei.
Citoplasma e organuli citoplasmatici – Il citoplasma contiene i tipici organuli delle cellule eucariote; i mitocondri sono di grosse dimensioni e in numero ridotto (talvolta uno solo molto grande). Nel citoplasma si trovano inclusioni di glicogeno ed altri glicidi, raramente di amido, con funzioni di riserva. Il genoma è raccolto nel nucleo con doppia membrana lipoproteica; spesso si contano più nuclei di dimensioni ridotte (1-2 μm), non sempre diploidi. Sovente durante la divisione cellulare la membrana nucleare non scompare.
Membrana cellulare – Si trova tra citoplasma e parete cellulare e ha la tipica struttura lipoproteica. Nelle ife il plasmalemma può formare circonvoluzioni che sporgono nel citoplasma, per aumentare la superficie di assorbimento o accumulare sostanze di rifiuto.
Parete cellulare – Nelle ife e nei lieviti la parete cellulare è a più strati sovrapposti, contenenti chitina; a volte possono esservi cellulosa, melanina o altri pigmenti. La chitina e la melanina sono sostanze presenti negli animali, mentre la cellulosa è tipica dei vegetali. La funzione della parete è di proteggere la cellula.
Setti ifali – Nei funghi filamentosi le separazioni fra i compartimenti ifali sono nette quando separano zone "adulte" da quelle ancora in accrescimento, ma sono interrotte da pori di forma diversa, a seconda del tipo di fungo. Negli Ascomiceti i setti sono uniperforati, con corpi densi (corpi di Voronin) che ostruiscono il poro. Nei Basidiomiceti i setti sono formati dalla parete, che si infossa e si allarga; sopra il poro, il reticolo endoplasmatico si dispone nei corpi a forma di parentesi. Il citoplasma e gli organuli possono trasferirsi da un compartimento all'altro attraverso i pori; talvolta anche i nuclei si spostano, pertanto nello stesso individuo si trovano compartimenti privi di nuclei e altri plurinucleati. Contemporaneamente vi sono scambi di materiali nutritivi. Nei Mastigomiceti e negli Zigomiceti le ife non sono settate *(ife cenocitiche)*.

Esame microscopico
I miceti si possono osservare a fresco oppure dopo colorazione.
Osservazione a fresco – Un frammento di micelio è spezzettato con un bisturi sul vetrino portaoggetti. Dopo l'aggiunta di una goccia del liquido di contrasto di Lugol, si copre con un vetrino e si osserva il preparato a ingrandimento 10x; i granuli di glicogeno appaiono azzurri, le strutture fungine di colore marrone chiaro.
Colorazione monocromatica – Il micelio frammentato su vetrino è coperto con una goccia di blu cotone al lattofenolo. Dopo aver collocato il vetrino coprioggetti, si osserva al

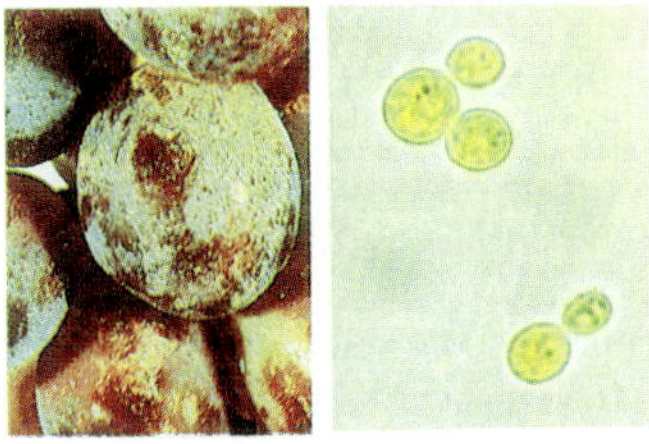

1

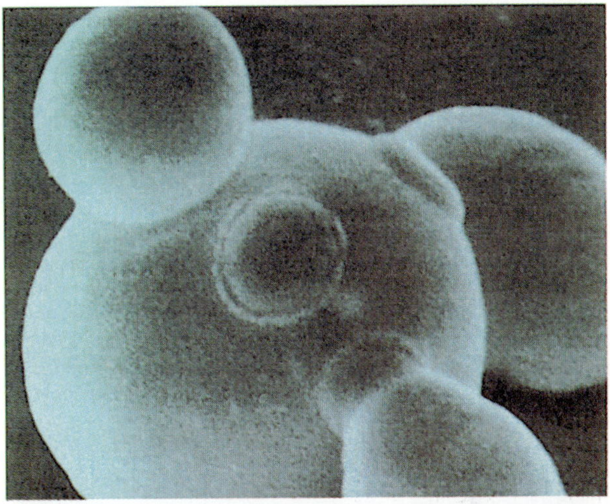

2

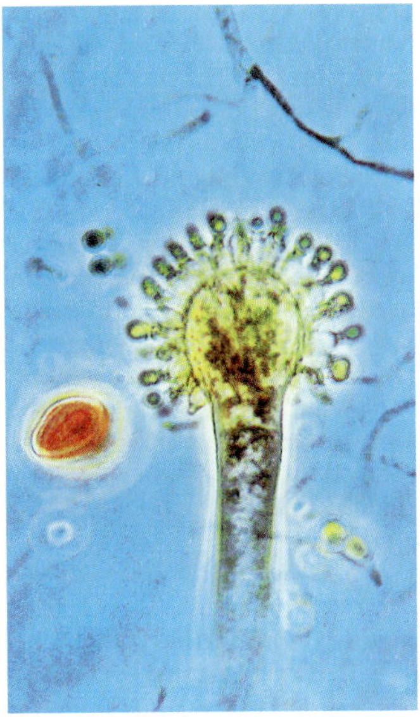

3

4

5

1. Lieviti di birra: a sinistra formano una pellicola biancastra sulla superficie di acini d'uva; a destra sono osservati al microscopio ottico dopo colorazione con liquido di Lugol.

2. Microfotografia elettronica di lieviti di birra in gemmazione.

3. Conidioforo di *Aspergillus flavus* al microscopio ottico (400x).

4. Colonia fungina su terreno di laboratorio.

5. Coltivazione su terreno solido di *Microsporum canis, Rhodotorula* e *Penicillum notatum.*

microscopio il micelio colorato di azzurro.

Fluorescenza – Reagenti fluorescenti incolori si legano ai polisaccaridi della cellulosa o della chitina. Esposto a luce ultravioletta tra 400 e 500 nm, il preparato appare fluorescente.

Riproduzione

Riproduzione asessuata – Alcuni miceti si riproducono attraverso la semplice frammentazione; altri per formazione di spore asessuate dal nome generico di conidi, di varie dimensioni e forme. Ad esempio gli Oomiceti si riproducono asessualmente per semplice diffusione, mentre nelle varie classi di *Amastigomycota* compaiono i conidi, prodotti da corpi fruttiferi chiamati conidiofori.

Riproduzione sessuata – A seconda che i gameti siano mobili o immobili, i miceti si dividono in *Mastigomycota* e *Amastigomycota*. Nei *Mastigomycota* si formano organi sessuali differenziati: l'oogonio, contenente i gameti femminili, e l'anteridio, con i gameti maschili. Negli *Amastigomycota* la riproduzione sessuata è diversa a seconda della classe. In *Zygomycetes* due ife di segno opposto con funzioni riproduttive si fondono e formano una zigospora; all'interno si forma lo zigote, che dopo la meiosi è liberato nel terreno e inizia la fase asessuata. In *Ascomycetes* gli organi maschili e femminili si uniscono e producono l'asco, il corpo fruttifero contenente le spore. Le spore (8) si formano nell'asco dalla fusione dei nuclei maschili e femminili e dalla successiva duplicazione. Ogni nucleo si circonda di citoplasma e crea le strutture esterne fino alla maturazione, quando l'asco libera le spore nell'ambiente. Prima della fusione dei nuclei di sesso diverso, esiste un periodo in cui i nuclei sono solo appaiati e si duplicano in contemporanea: lo stadio di dikarion. I *Basidiomycetes* formano il corpo fruttifero (basidio) nel quale si sviluppano quattro spore, che sono portate all'esterno e liberate senza rottura del basidio.

Micotossine

Alcune specie di miceti provocano patologie attraverso l'azione di metaboliti secondari, le micotossine che nella maggior parte dei casi sono anche cancerogene; alcune sono utilizzate come antibiotici, come ad esempio la penicillina o la griseofulvina, prodotte da funghi del genere *Penicillum.*

Le più note sono le aflatossine, prodotte da *Aspergillus flavus* a 15-25 °C ed umidità al 70%. Esistono diversi tipi di aflatossine e molti di essi possono contaminare alimenti per il consumo umano ed animale. Assunte in dosi massicce, possono provocare avvelenamento; ingerite in piccole quantità per lungo tempo, dimostrano azione cancerogena. L'organo maggiormente danneggiato è sempre il fegato.

Le aflatossine sono resistenti alle alte temperature e difficilmente sono inattivate dalla cottura dei cibi. La presenza di *Aspergillus flavus* negli alimenti non comporta automaticamente la presenza di aflatossine, perchè queste vengono prodotte solo se le condizioni sono favorevoli per il fungo; per contro, non è detto che l'assenza di *Aspergillus flavus* sia garanzia dell'assenza di micotossine, poichè queste permangono nei cibi anche dopo la morte del fungo e resistono ai trattamenti di bonifica. Anche alcuni funghi "a cappello" (Basidiomiceti) producono tossine che, se ingerite, possono provocare avvelenamento: famosa è l'*Amanita phalloides*, che produce potenti e micidiali tossine.

Classificazione

Mastigomycota – Include i funghi di interesse agrario con elementi riproduttivi mobili. Le ife sono cenocitiche oppure si presentano come elementi unicellulari.

Amastigomycota – Molti *Zygomycetes* provocano infezioni cutanee e gastrointestinali nell'uomo; altri sono parassiti di protozoi e di insetti. Alcune specie sono usate in processi farmaceutici. Appartengono ad *Ascomycetes* funghi mangerecci, funghi velenosi e funghi patogeni per l'uomo, gli animali e le piante; alcuni sono utilizzati nell'industria alimentare, altri in quella farmaceutica per la produzione di antibiotici. In *Basidiomycetes* sono classificati la maggior parte dei funghi a cappello mangerecci, ma anche funghi responsabili di gravi avvelenamenti. Alcuni provocano gravissimi danni alle colture (ad es. la "ruggine" delle foglie), altri sono produttori di antibiotici.

Deuteromycetes – È una classe di forma comprendente tutti gli individui non ancora classificati, di cui sono noti solo i conidi e non la fase sessuata.

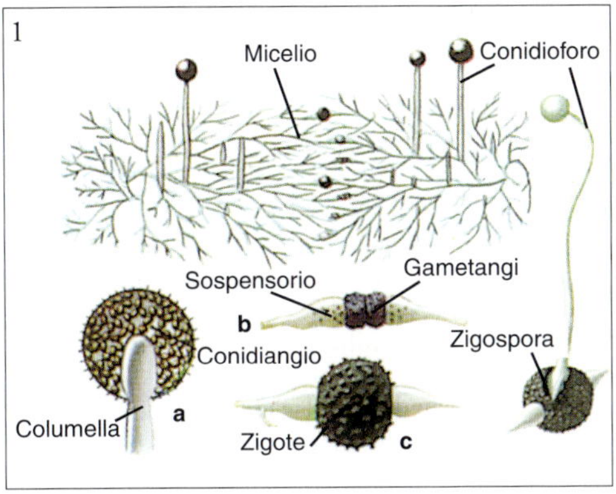

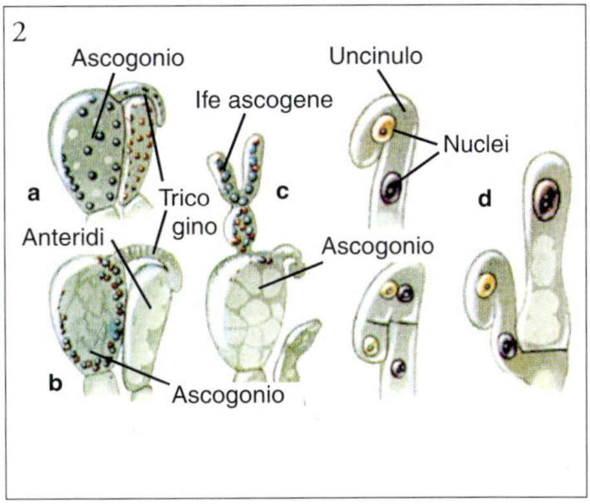

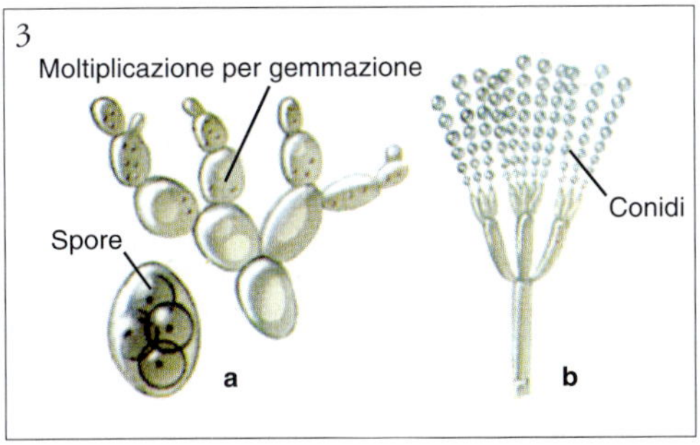

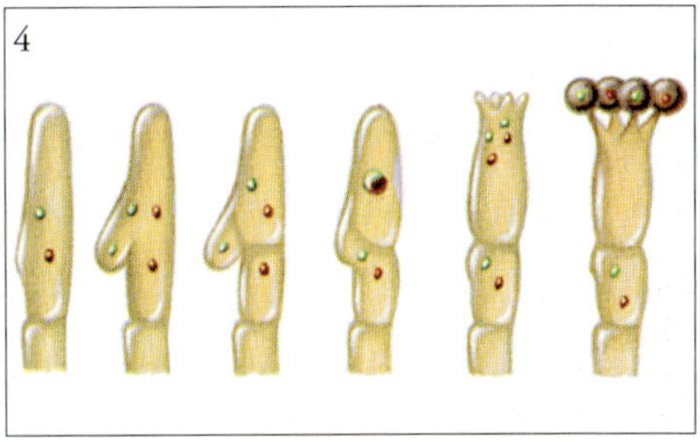

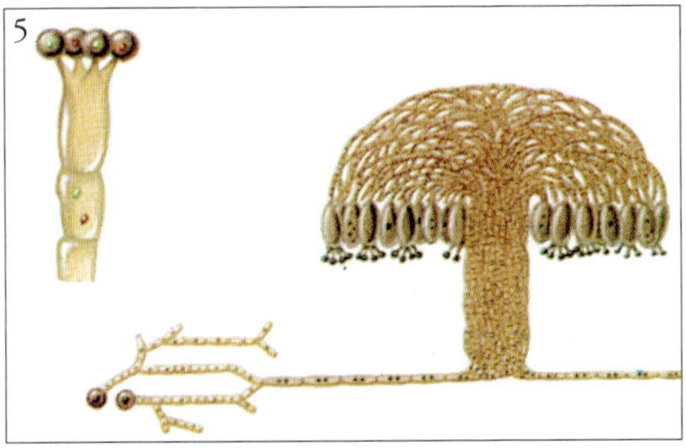

1. Moltiplicazione e riproduzione in *Mucor mucedo*: **a.** conidiangio; **b.** gametangiogamia; **c.** formazione della zigospora; **d.** germinazione dello sporangio.

2. **a.** Ascogonio con anteridio; **b.** passaggio dei nuclei dall'anteridio all'ascogonio, attraverso il tricogino; **c.** ascogonio fecondato e formazione delle ife ascogene; **d.** processo a uncino e formazione degli aschi.

3. **a.** Il lievito di birra *(Saccharomyces cerevisae)*; **b.** estremità di un conidioforo di *Penicillium* con catenella di conidi.

4. Formazione di un basidio.

5. Sviluppo di basidiocarpo con gambo e cappello.

6. Gallinaccio *(Cantharellus cibarius)*.

Protozoi

I protozoi sono organismi unicellulari, eucarioti ed eterotrofi; alcune specie sono a vita libera, altre sono parassite obbligate o facoltative. La forma delle cellule è varia e non è stabile, poiché in ogni specie può cambiare nelle diverse fasi del ciclo vitale. Le dimensioni sono diverse da specie a specie, da 2-5 mm fino oltre il centimetro.

Struttura

Nucleo – Alcune specie sono mononucleate, altre plurinucleate. Il nucleo è delimitato da una doppia membrana lipoproteica, contiene i cromosomi, è visibile il nucleolo. Il corredo cromosomico può essere aploide o diploide nei diversi periodi. Il nucleo controlla il metabolismo (funzione trofica) e la riproduzione; nei Ciliati le due funzioni spettano a nuclei distinti.

Citoplasma – Contiene gli organuli cellulari ed i vari metaboliti; in molte specie vi sono pigmenti di vario colore. E' delimitato dalla membrana plasmatica.

Membrana cellulare – Ha la tipica struttura a mosaico fluido, dove le proteine globulari hanno funzione di recettori di membrana e di trasporto. Nei parassiti, la membrana è rivestita da uno strato di glicoproteine (glicocalice), che protegge il protozoo dal sistema immunitario dell'ospite. Subito sotto la membrana, fibrille microtubulari e formazioni endoscheletriche mantengono stabile la forma cellulare e intervengono nel movimento.

Organuli cellulari – I mitocondri, il reticolo endoplasmatico, l'apparato di Golgi ed i ribosomi hanno forma e funzioni come in tutti gli eucarioti.

Tipici dei protozoi sono i vacuoli, organuli sferici delimitati da una membrana, con differenti funzioni: i vacuoli digestivi contengono enzimi specifici per demolire i materiali nutritivi; i vacuoli di riserva contengono glicogeno, fonte di energia; i vacuoli pulsanti controllano l'osmolarità cellulare. Alcune specie anaerobie sono dotate degli idrogenosomi, organuli contenenti enzimi glicolitici e con idrogenioni sulla membrana; questi sono accettori finali degli elettroni provenienti dalla demolizione dei glicidi operata dagli enzimi interni.

Movimento

Molte specie di protozoi si orientano alla ricerca del cibo oppure in reazione a determinati stimoli, fisici e chimici.

Movimento ameboide – Si realizza mediante l'emissione di pseudopodi, estroflessioni temporanee in corrispondenza delle quali lo strato esterno della membrana diventa più sottile; la zona si riempie gradualmente di citoplasma e trascina con sé il resto della cellula.

Movimento mediante ciglia e flagelli – Ciglia e flagelli originano dal blefaroplasto e fuoriescono dalla cellula con lunghezza variabile; i flagelli sono più lunghi delle ciglia. Sono assenti solo nei protozoi ameboidi. Entrambi possiedono uno scheletro interno di tubulina, che forma un cilindro di 9 coppie di microtubuli periferiche più 2 microtubuli centrali, immersi in poco citoplasma e delimitati da una membrana che si continua col plasmalemma.

Il loro movimento è dato dallo scorrimento reciproco dei microtubuli, grazie all'interazione tra la tubulina e l'enzima dineina ad essa associato. Dallo scorrimento deriva un movimento ondulatorio, che consente spostamenti rapidi e orientati. In *Trypanosoma* e *Leishmania* il flagello origina da una piccola fossa, la tasca del flagello, che è anche la zona preferenziale per l'endocitosi e l'esocitosi; in questa cavità extracellulare i protozoi secernono enzimi e sintetizzano molecole complesse importanti nell'attacco all'ospite.

Metabolismo

La gran parte dei protozoi assume sostanze nutritive dall'esterno attraverso l'endocitosi e la pinocitosi; le sostanze di scarto vengono eliminate mediante l'esocitosi. Sporozoi e Ciliati hanno sviluppato strutture specifiche.

Gli Sporozoi hanno forma di semiluna e ad una estremità presentano un cono rigido, detto complesso apicale; nel cono vi sono i micronemi, contenenti sostanze tossiche, e le rhoptrie, con enzimi proteolitici; i protozoi secernono queste sostanze all'esterno e si aprono la strada per penetrare la cellula-ospite. Inferiormente al complesso apicale vi è il microporo, che funziona come una primitiva apertura boccale per l'ingresso del cibo.

1

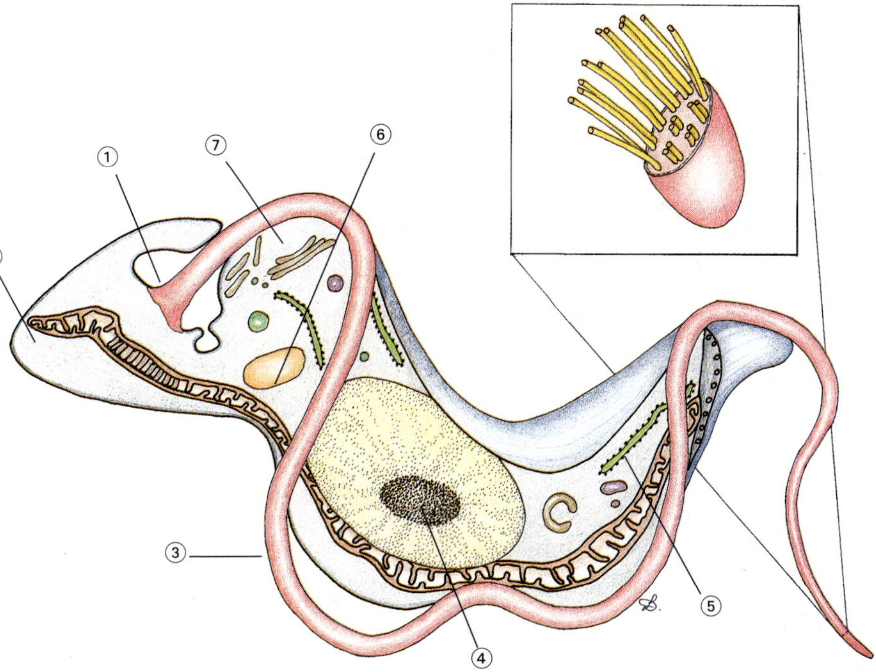

1. Struttura di *Trypanosoma brucei.* Nel box è raffigurata l'ultrastruttura del flagello (9+2).
1) Tasca del flagello. **2**) Mitocondrio. **3**) Flagello. **4**) Nucleo. **5**) Reticolo endoplasmatico. **6**) Lisosomi. **7**) Apparato di Golgi.
2. e 3. Disegni di protozoi da *"Die Infusionstierchen Als Volkommene Organismen"* di C.G. Ehrenberg (1839).

2

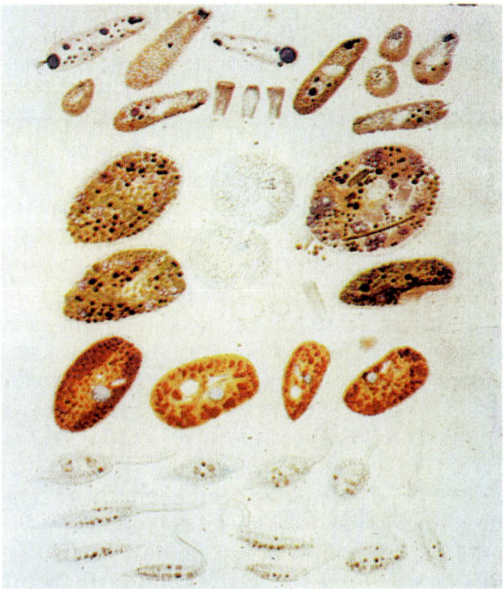

3

I Ciliati hanno sviluppato un sistema digerente complesso. Alla base del peristoma, un'infossatura nella membrana cellulare, è situata l'apertura orale o citostoma; muovendo continuamente le ciglia, i protozoi introducono nel citostoma le particelle alimentari e le convogliano nel citofaringe, un imbuto collegato con i vacuoli alimentari. Le sostanze di rifiuto sono raccolte in appositi vacuoli e svuotate nel citopigio, una zona specifica della membrana situata in posizione opposta al citostoma.

Riproduzione

I processi riproduttivi dei protozoi sono piuttosto complessi e comprendono meccanismi asessuati e sessuati; alcune specie hanno un ciclo vitale in cui la riproduzione asessuata si alterna con quella sessuata.

Scissione binaria – È la più semplice e la più diffusa: lungo l'equatore della cellula, il plasmalemma si approfonda sempre più nel citoplasma formando un solco di separazione; al termine da un'unica progenitrice si ottengono due cellule figlie, che possono anche essere differenti; in tal caso le cellule si modificano per diventare identiche alla progenitrice.

Scissione multipla – Dopo una serie di divisioni del nucleo, la cellula madre si frammenta in tante cellule figlie quanti sono i nuclei.

Gemmazione – La gemmazione può essere esterna o interna. Nella gemmazione esterna, sulla superficie della cellula madre si formano piccole cellule figlie che si staccano e diventano indipendenti; la cellula madre conserva forma e dimensioni proprie. Nella gemmazione interna, le cellule figlie si formano all'interno della cellula madre e poi si liberano per lisi.

Riproduzione sessuata - Può avvenire con un processo gamico di fecondazione, dove individui di sesso differente diventano gameti maschili e femminili (Flagellati).

Una riproduzione sessuata primitiva, chiamata coniugazione, si osserva nei Ciliati. Due individui, detti coniuganti, si uniscono a livello del peristoma e attraverso questa cavità si scambiano i micronuclei. Nei coniuganti si verificano alcune trasformazioni: il micronucleo, diploide e con funzioni riproduttive, entra in meiosi e genera nuclei aploidi; il macronucleo, iperpoliploide, scompare. Dopo la meiosi, tutti i micronuclei sono digeriti eccetto uno, il quale dà origine per mitosi a due nuclei aploidi. I coniuganti si scambiano un micronucleo aploide e si separano. In ciascuna cellula, i due micronuclei aploidi si uniscono e ricostituiscono il numero di cromosomi proprio della specie. Dal nuovo nucleo si formano per mitosi due nuclei: uno, dopo divisioni successive amitotiche, origina il macronucleo; l'altro è il micronucleo. Nell'ultima fase può verificarsi una autofecondazione.

L'alternanza tra riproduzione asessuata e sessuata si riscontra negli Zooflagellati, molti dei quali sono parassiti dell'uomo *(Trypanosoma, Leishmania, Giardia, Trichomonas)* e completano il ciclo vitale in più ospiti e nell'ambiente. Gli Sporozoi alternano generazioni sessuate a generazioni asessuate in tre fasi: schizogonica, gamogonica, sporogonica.

Gli Sporozoi (es: Plasmodio della malaria) sono parassiti endocellulari e completano il ciclo vitale in uno o più ospiti, a seconda della specie.

Incistamento

La cisti è una forma quiescente adatta a superare condizioni ambientali critiche, è resistente a notevoli variazioni di temperatura, di pressione osmotica e di pH. Per formare la cisti, il protozoo riassorbe tutti gli organuli non strettamente necessari, espelle le sostanze nutritive, i metaboliti e l'acqua e elimina i vacuoli. Il volume complessivo è notevolmente ridotto. Nel frattempo la cisti si circonda di una parete esterna dura e impermeabile. L'excistamento è il processo inverso dal quale deriva la forma vegetativa ed è legato al ritorno delle condizioni ambientali favorevoli.

Mimetismo antigene

I protozoi parassiti si "nascondono" imitando gli antigeni di superficie dell'ospite o moltiplicandosi all'interno delle sue cellule, per sfuggire alle difese immunitarie. Certi protozoi modificano gli antigeni di superficie degli elementi intermedi nelle diverse fasi del ciclo vitale, come i plasmodi della malaria; altri riducono il tempo di contatto con il sistema immunitario, completando il ciclo vitale in ospiti intermedi, che sono anche i vettori del parassita; in altri casi i protozoi sopravvivono nelle cellule del sistema immunitario come *Toxoplasma gondii*, che sopravvive a lungo all'interno dei macrofagi.

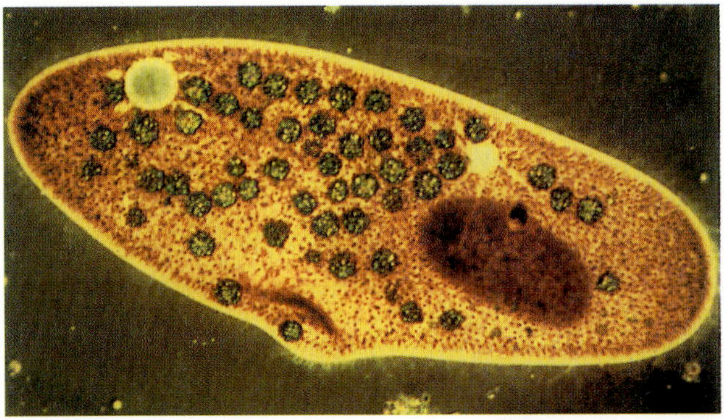

1

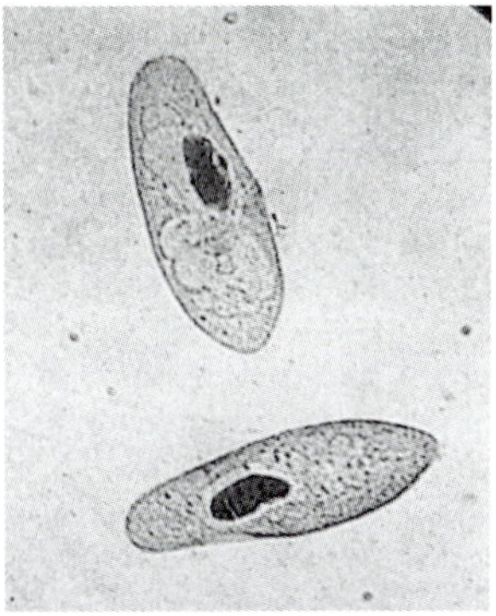

2

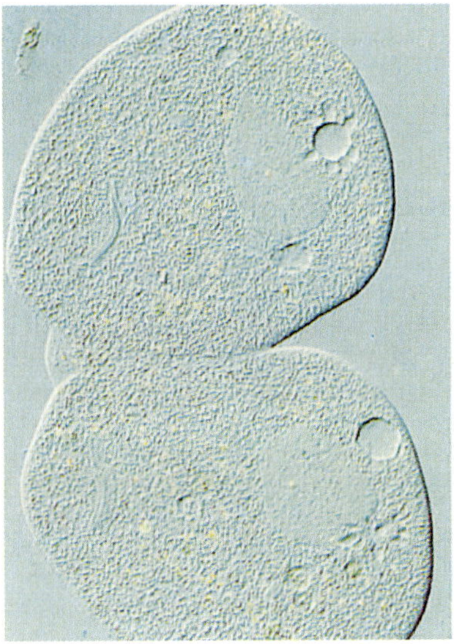

3

4

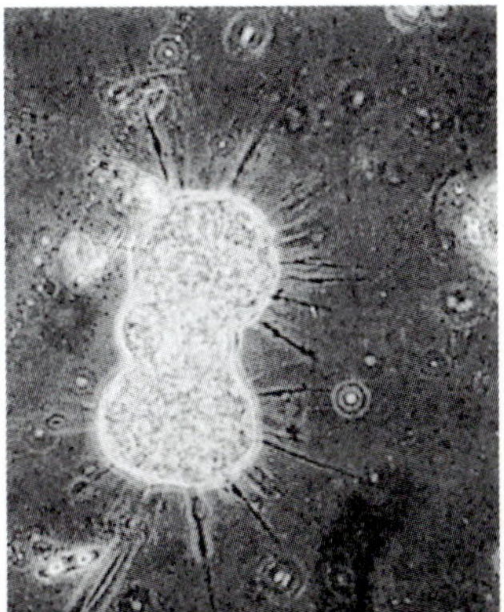

5

1. *Paramecium caudatum* al microscopio ottico (133x).

2. Protozoi a vita libera; si notano le grandi dimensioni dei nuclei.

3. Parameci al termine della riproduzione per scissione binaria.

4. Vorticelle fissate al substrato mediante peduncoli retrattili.

5. Eliozoo durante la divisione cellulare (500x).

Virus

I virus sono parassiti endocellulari obbligati, poiché nell'ambiente esterno possono conservarsi ma non riprodursi. Sostanzialmente sono programmi genetici che modificano il genoma delle cellule-ospiti per indurle a produrre nuove particelle virali (o virioni); queste possono infettare altre cellule per produrre ancora virus. Le dimensioni virali sono comprese tra 10 e 200 nm, visibili nella gran parte dei casi solo con il microscopio elettronico.

Struttura

I virus possiedono gli elementi essenziali per riprodursi, cioè il capside ed il programma genetico; questo può essere DNA o RNA. Il capside contiene e protegge l'acido nucleico, nel quale sono registrate le informazioni per condizionare il metabolismo della cellula-ospite. Capside e acido nucleico formano insieme il nucleocapside; il programma genetico associato alle proteine è il core. All'esterno del capside può esserci un ulteriore rivestimento esterno, il pericapside o mantello. I virus con pericapside sono detti rivestiti, quelli che ne sono privi virus nudi; il pericapside è coinvolto nell'ingresso del virus nella cellula-ospite e nella stimolazione delle difese immunitarie dell'ospite.

Capside e pericapside

Il capside è una sorta di scatola, con le pareti formate da subunità proteiche, i capsomeri; la simmetria del capside permette di distinguere:

- Virus a simmetria cubica (o icosaedrica): i capsomeri formano un solido con 20 facce triangolari (icosaedro).
- Virus a simmetria elicoidale: i capsomeri, di sezione ellittica, sono disposti a spirale attorno all'asse maggiore di un cilindro cavo.

Il capside di altri virus, ad esempio i *Poxvirus,* è complesso e privo di simmetria.

I capsomeri sono formati da proteine tipiche del tipo di virus e spesso diverse nel medesimo capside. Il pericapside dei virus rivestiti è formato da fosfolipidi e da glicoproteine. I fosfolipidi derivano dalla membrana plasmatica della cellula infettata e favoriscono l'adsorbimento, prima dell'ingresso nella cellula-ospite; le proteine sono espressione dei geni virali e si ancorano alla membrana della cellula-ospite. I virus rivestiti sono polimorfi, in prevalenza sferoidali. Nei virus nudi, i capsomeri sono associati a proteine che si legano alla membrana cellulare.

Il programma genetico

Il genoma virale è costituito da un solo tipo di acido nucleico, DNA o RNA, e contiene le informazioni per la sintesi del capside e degli enzimi che catalizzano le reazioni biochimiche per la replicazione del virus. Il DNA è a doppia elica oppure ad elica singola *(Parvovirus)*; l'RNA è per lo più a singola elica, ma in alcune specie è a doppia elica *(Rotavirus, Reovirus).* Di solito l'acido nucleico è lineare, ma può essere anche circolare *(Papovavirus)* oppure frammentato, come in alcuni virus a RNA *(Orthomixovirus, Arenavirus, Reovirus).* In molti casi all'acido nucleico sono associate proteine di sostegno.

La replicazione virale

I virus si replicano utilizzando le informazioni contenute nel proprio genoma e sfruttando le strutture interne della cellula-ospite. Pertanto, le reazioni biochimiche esclusive del virus nella cellula-ospite sono molto poche. I prodotti della replicazione sono le nuove particelle virali, le quali escono dalla cellula-ospite. L'uscita dei nuovi virus provoca per lo più la lisi della cellula, ma talvolta non manifesta segni evidenti di danni, perché avviene come una normale esocitosi; in ogni caso la cellula-ospite muore. Dopo l'uscita, ciascuna nuova particella virale può infettare altre cellule. Il ciclo replicativo è in genere molto rapido e si completa in 8-24 ore. Alcune specie virali hanno il programma genetico incompleto per replicarsi, pertanto hanno bisogno di un altro virus che completi l'informazione per la replicazione; i virus incompleti sono definiti difettivi, quelli che completano l'informazione sono i virus aiutanti o helper.

Per descrivere le fasi del ciclo riproduttivo virale si fa riferimento al modello di replicazione del virus Semliki Forest (SFV). SFV è un virus a RNA rivestito da un pericapside con tre diversi tipi di proteine e completa il ciclo di replicazione in cinque tappe:

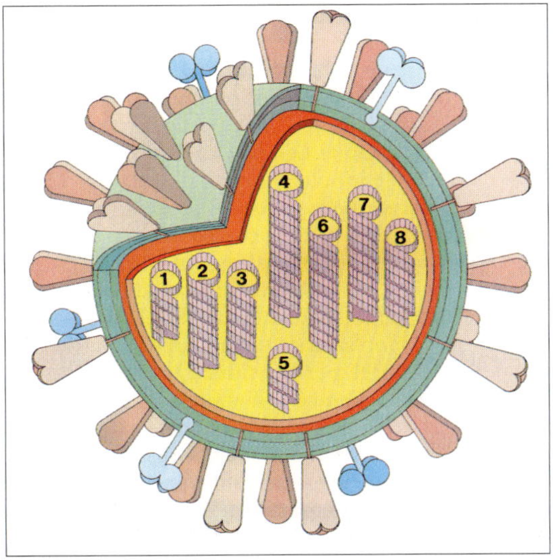

1

2

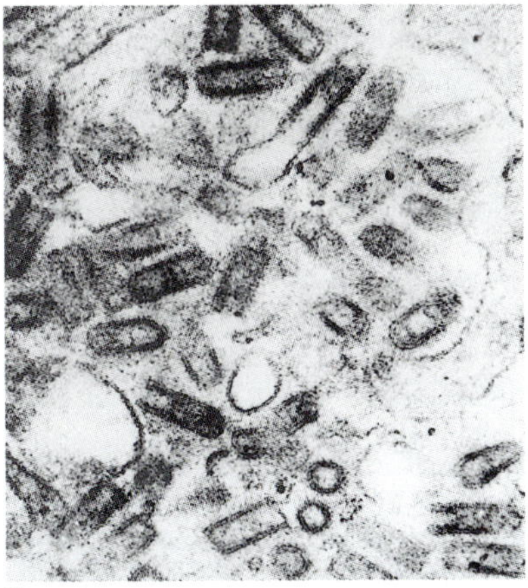

3

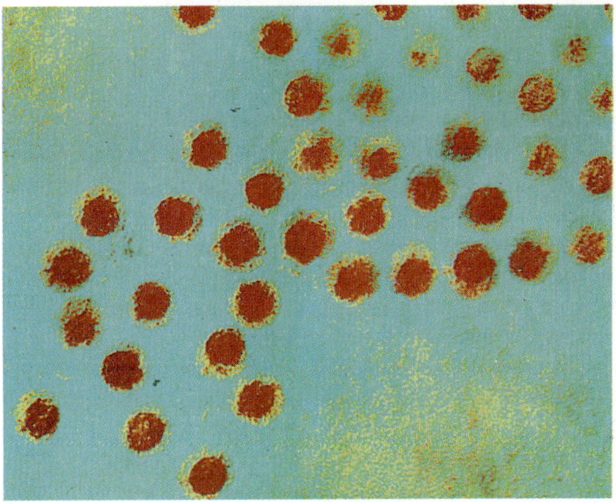

4

5

1. Virione dell'influenza.

2. Ricostruzione della morfologia a simmetria elicoidale del virus del mosaico del tabacco.

3. Microfotografia elettronica del virus della rabbia nelle ghiandole salivari di volpe.

4. Microfotografia elettronica, in falsi colori, del virus dell'epatite A.

5. Ricostruzione digitale di HIV.

Adsorbimento – Il virus viene a contatto con la cellula-ospite e si lega in modo selettivo alla sua membrana, tramite le glicoproteine del pericapside; il legame non è casuale, ma avviene in determinate zone della membrana cellulare. I recettori specifici per le proteine del pericapside sono presenti solo su certi tipi di cellule, il che spiega il fenomeno della suscettibilità. I virus nudi, privi di pericapside, stabiliscono un'interazione specifica con le proteine di membrana direttamente con le proteine del capside.
Ingresso – In corrispondenza del punto di adsorbimento sulla cellula, si formano i "pozzetti rivestiti", zone di membrana leggermente infossate e rivestite da clatrina sul versante citoplasmatico. La clatrina è una proteina che forma un reticolo tra la membrana cellulare e lo strato periferico del citoplasma e ha il compito, in questa fase, di favorire il graduale infossamento dei pozzetti rivestiti; si forma così una vescicola completa con il virus all'interno. La clatrina dirige la vescicola nel citoplasma per unirla con un endosoma, un voluminoso vacuolo privo di enzimi digestivi, il quale a sua volta si fonde con un lisosoma.
Nel citoplasma della cellula – ospite si trovano pochissimi virioni e pertanto si parla di fase di eclissi, che varia da 6 a 40 ore, a seconda dei virus.
Decapsidizzazione – La particella virale, chiusa nel lisosoma, si libera nel citoplasma per dirigere la sintesi dei componenti dei nuovi virioni. L'ambiente acido nel lisosoma ed i peptidi di fusione virali provocano l'unione del pericapside con la membrana lisosomiale; di conseguenza il nucleocapside si libera nel citoplasma senza venire a contatto con gli enzimi lisosomiali. Il meccanismo di decapsidizzazione di SFV è simile in tutti i virus rivestiti.
Sintesi – Il genoma virale dirige la sintesi dei nuovi virioni sfruttando le normali vie metaboliche della cellula-ospite. Le modalità di sintesi sono diverse per i vari tipi di virus, in dipendenza del tipo di acido nucleico e della sede di replicazione, che può essere il nucleo o il citoplasma.
Nei virus a RNA si verificano i seguenti eventi in successione:

1. L'RNA si libera dal capside e codifica direttamente per la sintesi della RNA-polimerasi RNA-dipendente.
2. L'RNA viene duplicato dalla polimerasi. Si formano due tipi di RNA: una copia parziale con le informazioni per la sintesi delle proteine del capside e del pericapside; una copia completa del genoma parentale (originario) da inserire nei nuovi capsidi. La duplicazione dell'RNA virale è molto efficiente e in sole 3-4 ore dall'infezione l'RNA presente nella cellula è quasi tutto di origine virale. La copia parziale di RNA si lega ai ribosomi ed è tradotto in proteine virali: l'RNA dei polisomi traduce le proteine del capside; l'RNA unito ai ribosomi sul reticolo endoplasmatico granulare traduce le proteine del pericapside. Queste ultime, a mano a mano che si allungano, sono inserite nel reticolo endoplasmatico e poi trasferite all'apparato di Golgi per la glicosilazione. Le glicoproteine sono infine spostate e inserite sulla membrana cellulare.
3. Terminata la sintesi delle glicoproteine, nel citoplasma il nucleocapside è assemblato con l'RNA completo per formare il complesso RNP.

Durante la fase di sintesi alcuni prodotti genici del virus interferiscono specificamente con i normali cicli metabolici della cellula e inibiscono la sintesi del DNA, dell'RNA e delle proteine cellulari; il risultato è il blocco irreversibile (o shut-off) della sintesi di qualunque macromolecola con conseguente morte della cellula-ospite. La fine della fase di sintesi coincide con la "fase di accumulo" perchè il citoplasma (o il nucleo, per altri virus) è letteralmente infarcito di virioni.
Liberazione – Il nucleocapside si sposta verso la membrana cellulare e si àncora esattamente dove sono state inserite le glicoproteine virali. La membrana si incurva gradualmente verso l'esterno e forma attorno al nucleocapside una vescicola che forma un peduncolo e poi si stacca; uscendo, il virus si riveste del nucleocapside, si libera nello spazio intercellulare e può infettare altre cellule. Nel punto di gemmazione, la membrana plasmatica si richiude senza danno apparente e la cellula non viene distrutta, ma non può attivare i propri cicli metabolici e muore; altri virus (ad es. *Adenovirus*) escono in massa e provocano la morte per lisi della cellula-ospite.
Rispetto al modello di riferimento di SFV, esistono alcune variazioni dipendenti dal genoma virale.

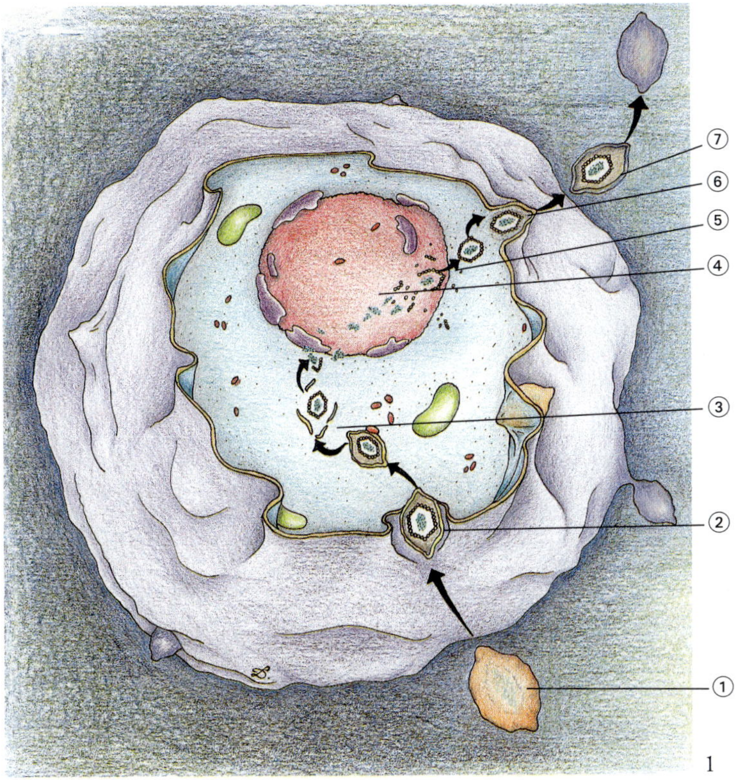

1

1. Tappe della replicazione di un virus rivestito in una cellula umana.
1) Particella virale infettante.
2) Adsorbimento e ingresso.
3) Decapsidizzazione.
4) Sintesi.
5) Assemblaggio.
6) Gemmazione.
7) Nuovi virus.

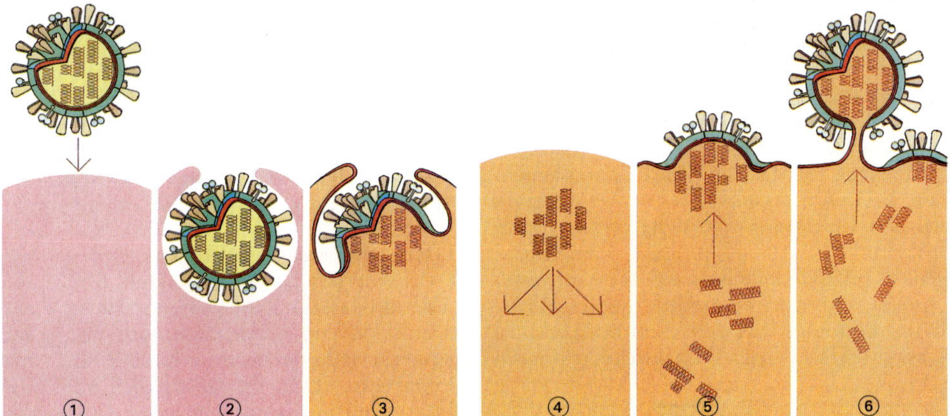

2

2. Schema della replicazione riferita al virus dell'influenza. 1) Avvicinamento del virus alla cellula. 2) Penetrazione. 3) Decapsidizzazione. 4) Liberazione dell'acido nucleico. 5) Sintesi ed assemblaggio dei nuovi virioni. 6) Uscita per gemmazione.

Virus a RNA a singolo filamento positivo
Il filamento di RNA virale è tradotto dagli apparati cellulari in un'unica grossa proteina virale, la poliproteina, che successivamente verrà frammentata in più proteine enzimatiche e strutturali. Il filamento di RNA virale è positivo perché nel citoplasma della cellula-ospite funziona direttamente come RNA messaggero. Per produrre nuovi filamenti di RNA positivo, il virus utilizza una propria replicasi (RNA-polimerasi RNA-dipendente) per costruire filamenti complementari negativi che, a loro volta, faranno da stampo per le nuove catene positive da inserire nel capside dei nuovi virioni. Esempio: *Picornavirus.*

Virus a RNA a singolo filamento negativo
Il filamento di RNA virale è negativo perché deve essere trascritto in un filamento positivo ad opera di una propria RNA-polimerasi RNA-dipendente. Il nuovo filamento positivo è tradotto direttamente in proteine enzimatiche e strutturali. Le polimerasi che invertono la polarità dell'RNA compiono frequentemente degli errori e originano una popolazione virale eterogenea a partire dal medesimo progenitore. Esempio: *Paramixovirus.*

Retrovirus
I Retrovirus (virus a RNA a singolo filamento trascritto in DNA) possiedono l'enzima trascrittasi inversa (DNA-polimerasi RNA-dipendente), che trascrive il filamento di RNA virale in un filamento di DNA complementare. Dalla molecola ibrida RNA-DNA una ribonucleasi elimina il filamento di RNA virale per liberare la singola elica di DNA, sulla quale viene montata una catena complementare; il DNA a doppia elica è infine integrato nel DNA cromosomico della cellula ospite (provirus) e, se attivato, produce nuovi virus. I geni di origine virale possono essere attivati o repressi, duplicati ed ereditati dalle cellule-figlie. Esempi: virus dell'immunodeficienza umana (HIV), virus T-linfotropico umano (HTLV).

Virus a RNA frammentato
I segmenti di RNA sono in numero variabile, a seconda del tipo di virus, ma di solito ogni frammento porta le informazioni per costruire una parte del virus. I singoli frammenti possono essere scambiati tra virus diversi del medesimo genere che infettano contemporaneamente la stessa cellula, cosicchè si creano con facilità nuovi ceppi virali. Esempio: *Arenavirus.*

Virus a DNA a doppia elica
Il DNA è trascritto nel nucleo della cellula-ospite in due fasi: dapprima alcuni tratti servono da stampo per RNAm precoci, i quali nel citoplasma sono tradotti in enzimi precoci che impediscono le normali attività cellulari e guidano la replicazione del DNA virale. Successivamente altri geni sono trascritti in RNAm tardivi, che nel citoplasma sono tradotti in proteine tardive del capside ed in enzimi per l'assemblaggio dei virioni. Alcuni di questi virus impiegano la RNA-polimerasi DNA-dipendente della cellula-ospite, altri hanno la propria polimerasi associata al DNA. Il montaggio dei nuovi virus avviene nel nucleo; l'uscita è per gemmazione o per lisi cellulare. Esempio: *Herpesvirus.*

Virus a DNA a singola elica
Sulla singola elica di DNA, le DNA-polimerasi DNA-dipendenti virali costruiscono un nuovo filamento per formare una molecola a DNA a doppia elica. Questa dirige la sintesi di enzimi e proteine strutturali del virus. Esempio: *Parvovirus.*

Virus a DNA circolare
Il DNA virale deve essere aperto e spiralizzato dagli enzimi virali per renderlo simile al genoma della cellula-ospite; in seguito avviene una normale sintesi di enzimi e proteine per la duplicazione del DNA virale e l'assemblaggio dei nuovi virioni. Esempio: virus dell'epatite B.

Effetto citopatico dei virus
I virus determinano nella cellula-ospite una serie di alterazioni che portano alla lisi o alla necrosi. Sovente le alterazioni sono tipiche del virus che le ha provocate e in molti casi sono importanti fattori diagnostici dell'infezione. Le possibili alterazioni sono le seguenti:
- Alterazione della membrana cellulare. Durante la gemmazione, i virus rivestiti acquisiscono il pericapside nel punto della membrana cellulare dove erano state inserite le glicoproteine virali; in queste zone le

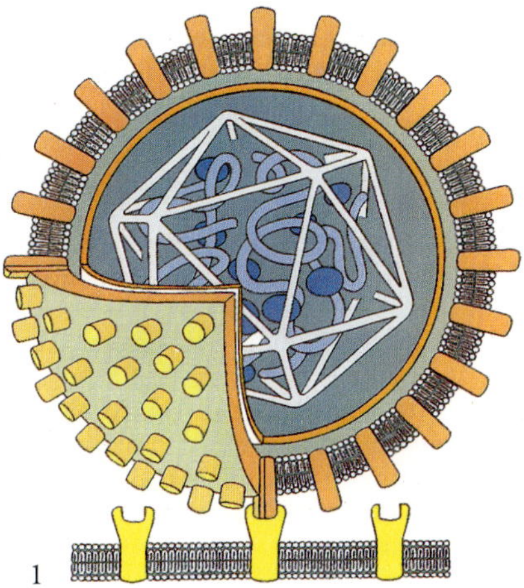

1

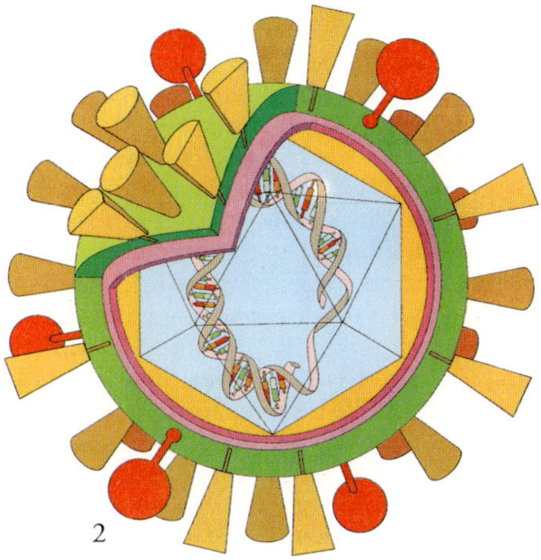

2

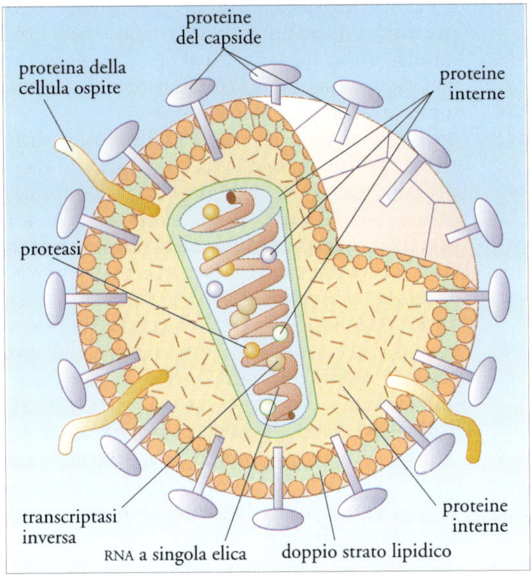

3

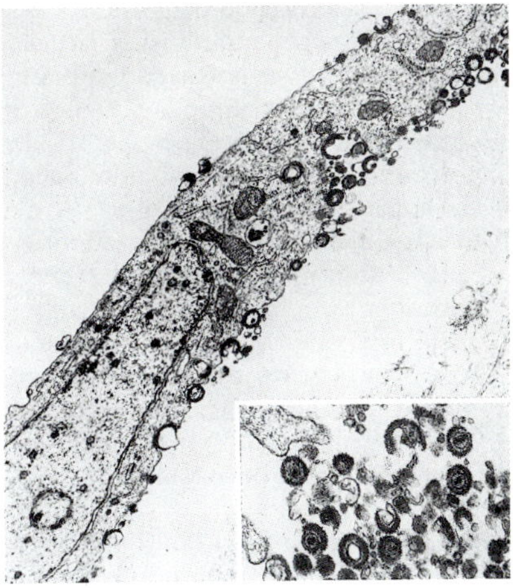

4

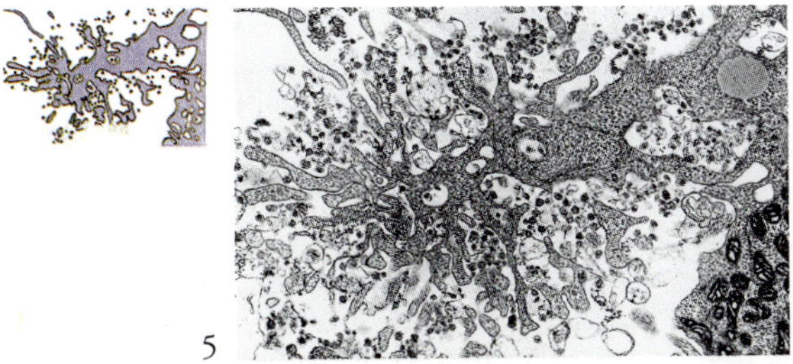

5

1. Schema di *Retrovirus.*

2. Virus dell'epatite B (virus a DNA circolare).

3. Ricostruzione della struttura di *Retrovirus* (HIV).

4. Cellula infettata dal virus varicella-zoster. Nel riquadro si vedono i nucleocapsidi in formazione nel nucleo.

5. Lisi di un linfocita T con rilascio di elevate quantità di HIV. A sinistra il disegno esplicativo.

molecole di origine virale possono essere riconosciute estranee dalle cellule immunitarie, le quali eliminano l'intera cellula infettata "fabbrica" dei virus.

- Formazione di sincizi nelle colture cellulari. I sincizi sono formati dalla fusione di singole cellule e al microscopio appaiono come ammassi di citoplasma con numerosi nuclei. In presenza dei virus, tra le cellule contigue si formano dei ponti citoplasmatici, che confluiscono provocando la fusione completa delle cellule. I sincizi sono provocati dai virus del morbillo e della parotite.
- Formazione dei corpi inclusi. Nel nucleo o nel citoplasma si formano masserelle colorabili e osservabili al microscopio ottico. Hanno forma, dimensioni e numero caratteristici del tipo di virus. Corrispondono alle zone di assemblaggio dei virioni, ma talvolta sono agglomerati spontanei di virus.
- Formazione di vacuoli. Nel citoplasma della cellula-ospite si sviluppano vacuoli di varie dimensioni; i Citomegalovirus ed altri virus inducono l'aumento in volume delle cellule, che appaiono giganti.
- Effetti a livello nucleare. Alcuni virus provocano la frammentazione dei cromosomi, la formazione di cromosomi anomali o la comparsa di cromosomi soprannumerari. Sebbene siano indotti da virus differenti, questi effetti si manifestano nello stesso modo.
- Cancerogenesi. La formazione di tumori è favorita dai virus oncògeni.

I virus oncògeni

I virus oncògeni portano nel proprio genoma uno o più geni che, integrati nei cromosomi della cellula-ospite ed espressi, sono coinvolti nello sviluppo di alcuni tipi di tumori. Questi geni sono chiamati oncogèni e se ne contano una cinquantina nell'uomo.

Gli oncogèni sono versioni alterate di geni normalmente presenti nella cellula per il controllo di forma, accrescimento, differenziamento e riproduzione cellulari; il gene «normale» è chiamato proto-oncogène, il gene corrispondente alterato a causa di una mutazione è detto oncogène. Le sequenze nucleotidiche di un proto-oncogène e del relativo oncogène sono molto simili, talvolta differiscono per un solo nucleotide: le proteine codificate dagli oncogèni differiscono di poco da quelle normali e possono funzionare in modo analogo, ma sfuggono a qualsiasi controllo sulle loro attività.

Tra i prodotti degli oncogèni vi sono enzimi che fosforilano in modo anomalo le proteine che plasmano la forma della cellula: ad esempio il gene src del sarcoma di Rous fa alterare la forma delle cellule in conseguenza della fosforilazione anomala di una proteina del citoscheletro, la vinculina. Nel caso del virus SV40, invece, una proteina virale (agT) si inserisce nella via cellulare di trasduzione del segnale e simula un fattore di crescita, stimolando così la divisione cellulare incontrollata.

In genere, al mancato controllo sui prodotti si affianca l'elevata attività degli oncogèni, cosicchè le proteine alterate aumentano rapidamente di quantità e la loro azione negativa risulta notevolmente amplificata. I cambiamenti di struttura e di espressione dei geni normali della cellula-ospite iniziano a partire dal momento dell'integrazione del DNA virale nel genoma ospite (mutagenesi inserzionale).

I virus oncògeni sono necessari ma non sufficienti nell'oncogenesi, poiché l'azione degli antigeni tumorali non spiega tutte le modificazioni nel fenotipo della cellula neoplastica; pertanto, sono necessari altri fattori trasformanti, quali le condizioni ambientali e il tipo di cellula interessata.

Virus oncògeni a DNA – I virus a DNA possono indurre la trasformazione tumorale in vivo nei loro ospiti o in altre specie in condizioni sperimentali. In ogni caso, il DNA virale risulta, del tutto o in parte, integrato nel genoma delle cellule tumorali. Fra i virus oncogeni a DNA sono ben conosciuti il virus SV40 (Simian Virus 40), i papillomavirus e gli adenovirus. In rari casi il DNA virale può integrarsi nel genoma dell'ospite come provirus e indurre la trasformazione della cellula-ospite: non c'è la produzione di nuovi virioni, ma entro 24 ore la cellula mostra nuove caratteristiche, tipiche delle cellule tumorali; gli enzimi cellulari per la duplicazione del DNA aumentano e la cellula si prepara per la sua divisione. A questo punto vi sono ancora due possibilità: la cellula può ritornare normale (trasformazione abortiva) oppure si riproduce senza controllo generando la massa neoplastica. Delle tre specie di virus oncògeni a DNA, solo i papillomavirus umani (HPV) provocano

1

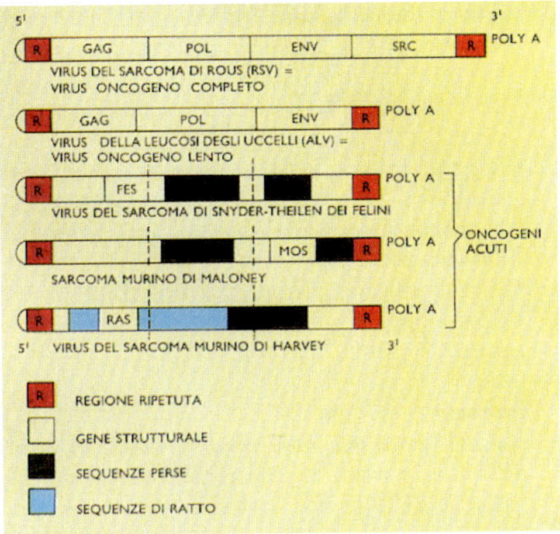

2

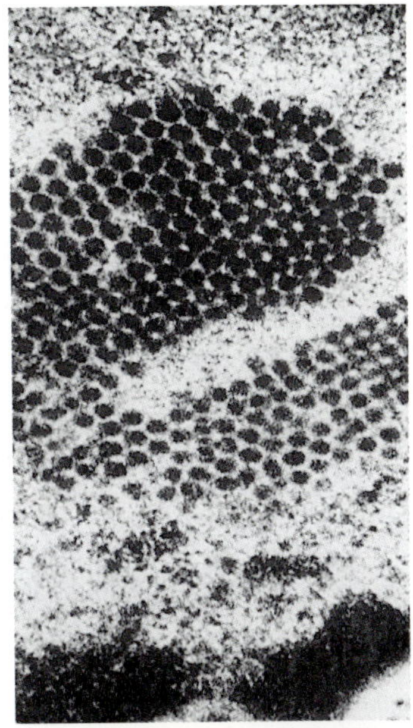

3

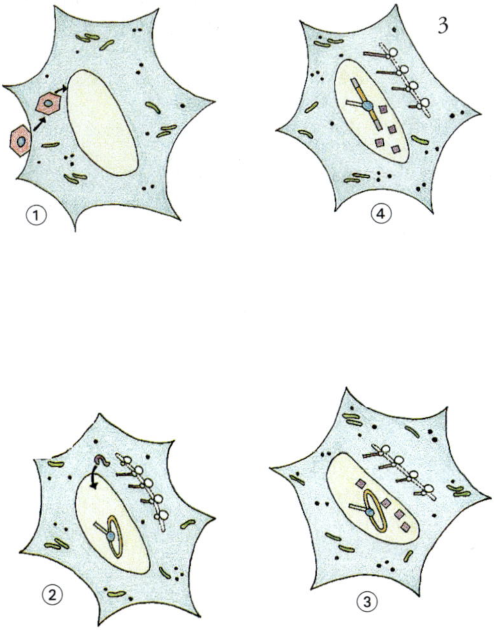

4

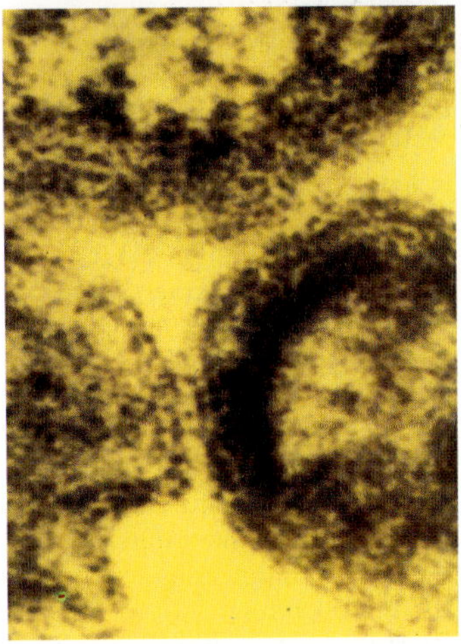

1. Confronto tra le sequenze di diversi oncogèni.
2. Virus del papilloma in biopsia di porro umano.
3. Schema della trasformazione tumorale in cellule di roditore infettate da virus SV40. **1**) Adsorbimento e penetrazione del virus, che si dirige verso il nucleo. **2**) I polisomi traducono l'RNAm virale in antigene T (AgT, *in viola*), che si ripiega ed è trasportato al nucleo; qui il DNA virale (cerchio *giallo*) è letto dalla RNA polimerasi *(azzurra)*. **3**) L'AgT si accumula nel nucleo e autoregola la propria produzione. **4**) Il DNA virale si integra nel DNA cellulare e l'AgT è prodotto senza sosta e, stimolando continuamente la duplicazione del DNA cellulare, provoca la trasformazione neoplastica.
4. HTLV–1 responsabile della leucemia a cellule T nell'uomo.

trasformazione tumorale nell'uomo; in particolare, i tipi HPV-16, HPV-18 e HPV-33, sono stati rintracciati in circa il 90% dei carcinomi della cervice uterina. Il loro genoma è integrato nelle cellule trasformate ed un gruppo di geni virali viene costantemente espresso, in particolare i geni E6 ed E7. Il meccanismo biochimico alla base delle trasformazioni tumorali coinvolge alcune proteine virali codificate dagli oncogèni, che inattivano selettivamente i prodotti degli anti-oncogèni cellulari; sembra che questo meccanismo sia il medesimo per tutti i virus oncògeni. Ad esempio, le proteine Rb e p53 regolano nella cellula normale la divisione cellulare, mentre nelle cellule neoplastiche sono neutralizzate o alterate dal legame con le proteine oncògene virali.
Virus oncògeni a RNA – I virus oncògeni a RNA sono i retrovirus, caratterizzati dal possedere l'enzima trascrittasi inversa, che nella cellula-ospite consente di costruire il DNA sullo stampo dell'RNA virale; il DNA virale si integra come provirus nel genoma dell'ospite e può dare l'infezione produttiva o indurre la trasformazione della cellula in senso tumorale. Molti retrovirus portano nel genoma oncogèni che inducono la trasformazione tumorale in diverse specie animali loro ospiti naturali. Nell'uomo i tumori causati da retrovirus sono le leucemie a cellule T di tipo I e II; gli agenti eziologici sono rispettivamente HTLV-I e HTLV-II (da Human T-Lymphotropic Virus). HTLV-I viene trasmesso precocemente dalla madre infetta al bambino o direttamente "in utero" o durante l'allattamento; tra gli adulti la trasmissione avviene per via sessuale attraverso i linfociti infetti presenti nello sperma. La leucemia da HTLV-II è detta anche leucemia a cellule capellute per via dell'aspetto che assumono le cellule infettate.
I retrovirus hanno una struttura genetica simile; quella conosciuta con maggiori dettagli è del virus dell'immunodeficienza umana (HIV), che viene preso come modello di riferimento, sebbene non causi neoplasie:
- Il gene *gag* codifica per una poliproteina, che in seguito è frammentata in quattro molecole.
- Il gene *pol* codifica per tre importanti enzimi: la proteasi virale, la trascrittasi inversa e l'integrasi.
- Il gene *env* dà una poliproteina che darà origine a due glicoproteine: la gp120 del pericapside, che si aggancia alla cellula-ospite, e la gp41, che àncora la gp120 al nucleocapside e favorisce la fusione tra cellula-opsite e virus.
- Il gene *tat* regola la produzione di RNAm virale.
- Il gene *nef* stabilizza e attiva i geni principali *gag-env-pol.*
- Il gene vif rappresenta il fattore di infettività.
- I geni *Vpr* e *Vpu* hanno funzioni non ancora note.

I viroidi
T. O. Diener nel 1971 diede il nome di viroide a una particella infettiva causa di alcune malattie delle piante. I viroidi, molto più piccoli dei virus, non hanno capside e sono costituiti da una singola elica di RNA di circa 300 nucleotidi; le due estremità del filamento sono saldate tra loro ed in alcune regioni le basi azotate sono appaiate, cosicchè la forma è simile ad una forcina per capelli.
I viroidi si replicano autonomamente in cellule suscettibili e sono totalmente dipendenti dal sistema di trascrizione della cellula-ospite, il quale duplica l'RNA infettante, ma non lo traduce in proteine. L'informazione genetica è espressa direttamente per interazione dell'RNA del viroide con i costituenti della cellula-ospite, compresi gli enzimi. La replicazione non coinvolge DNA, ma solo RNA intermedi della cellula infettata. Le nuove particelle si trasferiscono da un ospite all'altro quando le cellule sono danneggiate e quindi sono vulnerabili all'ingresso del viroide.
I viroidi, oltre a causare sicuramente malattie delle piante, sono probabilmente gli agenti eziologici di alcune malattie infettive degli animali e dell'uomo.

I prioni
I prioni sono circa 100 volte più piccoli dei virus, sono costituiti solo da proteine e sono privi di materiale genetico. Stanley Prusiner propose nel 1982 il nome prione (da particella proteinacea infettiva) per l'agente causale dello scrapie (una malattia delle pecore) e di alcune rare malattie del sistema nervoso centrale dell'uomo. La proteina infettante è la Prp^{Sc}; questa è la forma modificata della PrP^{c}, una proteina fisiologica situata sul versante esterno

1

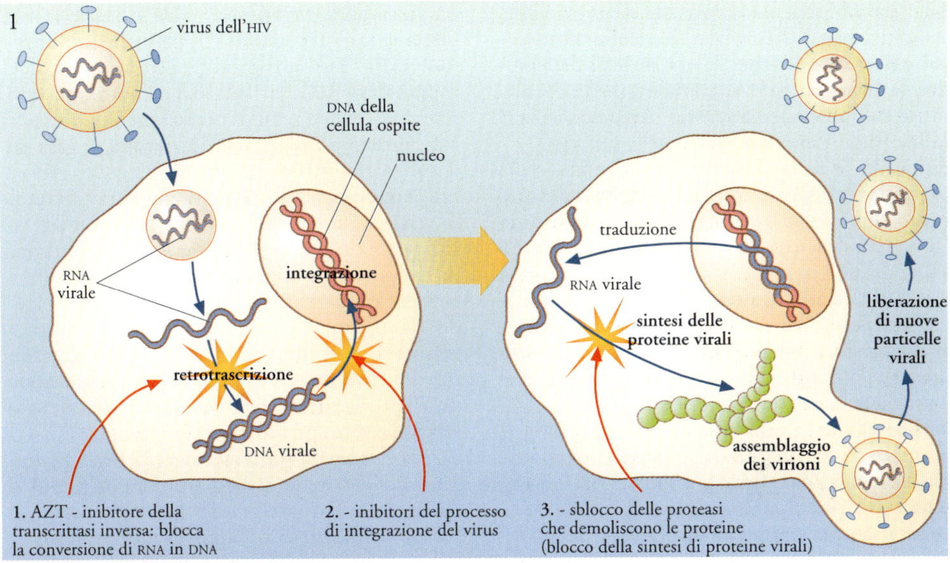

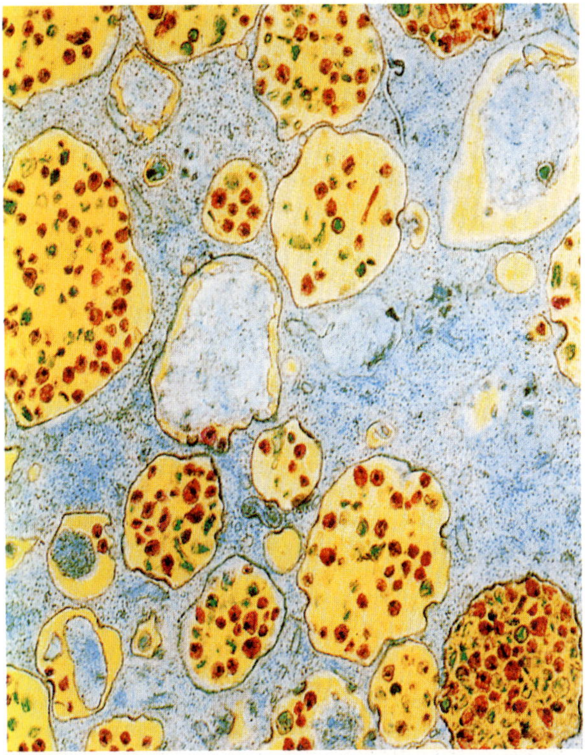

2

1. Schema della successione di eventi nell'infezione di un linfocita da parte di un virus *HIV* e livelli di interferenza dei farmaci attualmente utilizzati nella cura dell'AIDS.

2. Microfotografia elettronica di linfociti infettati da *HIV*. I virioni (cioè le particelle virali) sono i pallini colorati in rosso e verde contenuti in vescicole di regioni che, altrimenti, sarebbero colorate in giallo. Si distinguono linfociti appena infettati (con pochi virioni all'interno), linfociti molto infetti (con molti virioni interni) e linfociti lisati (senza più struttura interna).

della membrana plasmatica di alcune cellule, in particolare di neuroni e fibrocellule muscolari striate e cardiache. In condizioni fisiologiche, la proteina PrP^c è coinvolta nella regolazione della concentrazione degli ioni Ca^{++} nelle cellule, soprattutto in quelle nervose.
Entrambe le forme, fisiologica e alterata, della proteina PrP sono codificate dal medesimo gene, che è stato localizzato sul cromosoma 20. La modificazione che trasforma la proteina in prione avviene a livello di membrana plasmatica o nei lisosomi e si verifica dopo la traduzione, poiché non si registra la presenza di due diversi tipi di RNAm; il cambiamento riguarda la conformazione della proteina, che passa da α-elica a β–foglietto.
Il mutamento conformazionale fa sì che il prione non sia più suscettibile all'azione delle proteasi e resista fino a 134 °C per alcuni minuti. La proteina prionica si accumula facilmente e forma aggregati nei lisosomi secondari, sulla superficie della cellula e nello spazio extracellulare, costituendo i depositi amorfi o le placche amiloidi tipiche delle degenerazioni cerebrali. L'accumulo è dovuto al fatto che le proteine prioniche $PrPS^c$ inducono per contatto il cambiamento conformazionale delle proteine PrP^c normali. L'autopropagazione dei polimeri di PrP^{Sc} con la distinta struttura tridimensionale è la base molecolare delle malattie causate dai prioni, come lo scrapie nelle pecore, il morbo "della mucca pazza" e le encefalopatie spongiformi nell'uomo, tra le quali vi sono la CJD (Creutzfeld–Jacobs Disease), il kuru e l'insonnia fatale familiare.

Evoluzione dei virus

Non esistono testimonianze fossili dei virus e ancor oggi vengono identificate nuove specie virali, derivanti dall'adattamento dei vecchi virus a nuove situazioni ambientali oppure sono il risultato della pressione selettiva indotta dall'uomo. Le modificazioni dell'ambiente conseguente alla deforestazione, la creazione di bacini idrici artificiali hanno contribuito ad alterare l'ambiente e la fauna ed hanno posto le basi per lo sviluppo di nuovi virus portatori di nuove malattie. Per quanto riguarda l'origine dei virus, sono in discussione tre ipotesi: la teoria regressiva, la formazione dagli acidi nucleici degli organismi-ospite e la coevoluzione con altre forme viventi.

1) *Teoria della regressione* – Un batterio a vita libera si sarebbe adattato al parassitismo estremo, dopo aver utilizzato sempre più i cicli metabolici della cellula-ospite; rimane così solo l'essenziale, cioè l'interazione con l'ospite e la capacità di replicarsi. La perdita di geni ed il cambiamento di struttura generano nuovi microrganismi. Secondo questa teoria, pertanto, i virus deriverebbero da cellule non parassite regredite: la regressione avrebbe portato, in tappe successive, gli antenati dei virus a perdere progressivamente quasi tutto il corredo enzimatico e la relativa informazione genetica, fino a sviluppare la forma ed il metodo riproduttivo attuali. La teoria della regressione non spiega tuttavia la comparsa dei virus a RNA e come si sia formato il capside.
2) *Formazione dagli acidi nucleici degli organismi-ospite* – I virus sono frammenti di DNA o RNA derivanti dalla cellula-ospite, i quali hanno acquisito la capacità di autoreplicarsi e la possibilità di evolversi. Questi frammenti di acidi nucleici avrebbero dapprima acquisito autonomia replicativa, rimanendo all'interno di una cellula, ed in seguito la capacità di passare da una cellula all'altra. Una prova a sostegno di questa ipotesi sarebbe l'esistenza dei viroidi, le particelle infettive costituite solo da RNA. È possibile che si sia verificata una sequenza evolutiva che sia partita dal cromosoma batterico e sia proseguita con gli episomi ed i trasposoni, che appaiono strettamente dipendenti tra loro; dai trasposoni, infine, si sarebbero originati i virus.
3) *Coevoluzione con altre forme viventi* – L'origine dei virus risale alla comparsa dei protobionti, quando alcuni acidi nucleici circondati da un involucro proteico avrebbero cercato un ospite che fornisse energia e strumenti per replicarsi; di conseguenza, cellule e virus sarebbero evoluti contemporaneamente.
In ogni caso, i virus sono direttamente coinvolti nell'evoluzione degli esseri viventi, poichè possono integrarsi stabilmente nel genoma dell'ospite e trasferire geni da un organismo all'altro, assicurando la necessaria variabilità genetica. Le modificazioni genetiche subiscono l'azione selettiva dell'ambiente, per cui se sono vantaggiose per l'organismo verranno conservate e trasferite alla progenie; se invece sono svantaggiose l'organismo sarà destinato all'estinzione.

1

ONCOGÈNI RETROVIRALI			
Oncogèni	Prototipi di virus	Specie di origine	Localizzazione sui cromosomi umani
abl	Virus della leucemia murina di Abelson (Ab-Mlv)	Topo	9q34
erb A, erb B	Virus della eritroblastosi degli uccelli (Aev)	Pollo	17p11, 7p11
ets	E26	Pollo	15q23
fes, fps	Virus del sarcoma di Fuginami (FuSv)	Pollo	15q24
	Virus del sarcoma felino di Snyder-Theilen	Gatto	
	Virus del sarcoma felino (Ga-FeSv)	Gatto	
fgr, yes	Virus del sarcoma felino di Gaedner-Rasheed (Gr-FeSv)	Gatto	1p36, 18q21
	Virus del sarcoma 73 di Yamaguchi (y73)	Pollo	
	Virus del sarcoma di Esh (Esv)	Pollo	
fins	Virus del sarcoma felino di Susan Mc-Donough (Sm-FeSv)	Gatto	5q34
fos	Virus del sarcoma murino Fbj	Topo	14q21
	Virus del sarcoma murino Fbr	Topo	
mos	Virus del sarcoma murino di Moloney (Mo-Msv)	Topo	8q22
myb	Virus della mieloblastosi degli uccelli (Amv)	Pollo	6q22
	E26	Pollo	
myc	Virus della mielocitomastosi 29 (Mc29)	Pollo	8q24
raf (mil)	Virus di Mill-Hill-2 (Mh2)	Pollo	3p25
	Virus del sarcoma murino ceppo 3611 (Msv-3611)	Pollo	
ras Ha	Virus del sarcoma murino di Harvey (Ha-Msv)	Ratto	11p15
	Virus del sarcoma di ratto di Rasheed (RaSv)	Ratto	
ras Ki	Virus del sarcoma murino di Kirsten (Ki-Msv)	Topo	12p12
rel	Virus del reticolo endoteliale ceppo T	Tacchino	2p11
ros	VR2	Pollo	6q16
sis	Virus del sarcoma di scimmia (Ssv)	Scimmia lanosa	22q12
	Virus del sarcoma felino di Parodi-Irgens (Pi-FeSv)	Gatto	
ski	SKV770	Pollo	1q12
sre	Virus del sarcoma di Rous (Rsv)	Pollo	20q12

2

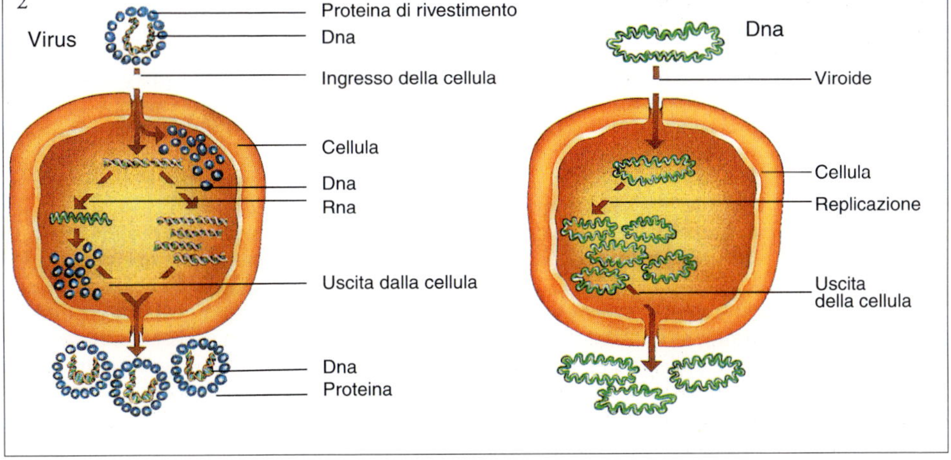

1. Alcuni oncogèni retrovirali.

2. Confronto tra la replicazione nei virus e nei viroidi.

I batteriofagi

Struttura

I batteriofagi (fagi) sono i virus dei batteri; hanno dimensioni variabili (60-200 nm di lunghezza e 5-70 nm di diametro) e possono essere a simmetria cubica (icosaedrica) o elicoidale.

I fagi sono formati dalla testa, contenente il materiale genetico, e dalla coda di forma e dimensioni variabili. La testa può essere costituita da capsomeri grandi o piccoli, talvolta è associata ad appendici. La coda può essere lunga e circondata da un manicotto contrattile associato a fibre proteiche; lunga, priva del manicotto contrattile; corta e non contrattile. Alcuni fagi non hanno coda, altri sono formati da un filamento flessibile e sono privi di testa.

I fagi T, che infettano *Escherichia coli*, sono i più noti: la testa è un icosaedro irregolare; la coda è contrattile, formata dallo stilo, interno, e dalla guaina, esterna e disposta a spirale. Tra testa e coda c'è il collo. Tra il collo e l'estremo terminale della coda vi sono due piastre; alla piastra terminale si agganciano le fibre caudali per l'ancoraggio del fago al batterio. Tutte le strutture sono proteiche.

Ciclo riproduttivo

Tutte le specie batteriche sono sensibili all'infezione fagica, tuttavia esiste una specificità d'ospite con diversi gradi di restrizione: alcuni fagi infettano batteri di generi affini, altri solo determinate specie, altri ancora esclusivamente certi ceppi batterici di una stessa specie. Il ciclo litico dei fagi T si realizza in diverse tappe:

- Adsorbimento: il fago aderisce alla superficie batterica con le fibre caudali, l'estremità della coda o direttamente con le proteine della testa e si àncora ai recettori specifici; solo i fagi filamentosi penetrano attraverso i pili.
- Penetrazione: la guaina si contrae, lo stilo penetra come un ago nei rivestimenti del batterio ed inietta l'acido nucleico. I fagi privi di coda contrattile sciolgono la parete con il lisozima. La testa del fago vuota rimane all'esterno del batterio.
- Sintesi: il genoma fagico regola il metabolismo batterico per produrre nuove particelle virali. Dapprima sono trascritti i geni per le proteine precoci, enzimi che inibiscono le attività metaboliche del batterio e digeriscono il suo cromosoma; questo diventa fonte di nucleotidi per il fago. In seguito sono prodotte centinaia di copie del genoma fagico. Infine, si attivano i geni per le proteine tardive, comprendenti i capsomeri e gli enzimi per il montaggio dell'involucro virale.
- Assemblaggio: i componenti del fago sono montati separatamente; la testa è riempita dal materiale genetico ed è inserita sulla coda.
- Liberazione: l'uscita in massa dei nuovi fagi provoca la lisi del batterio-ospite.

Non sempre all'infezione fagica segue il ciclo litico, ma talvolta il genoma fagico si integra in quello batterico come profago. Il ciclo è detto lisogeno ed i fagi responsabili sono temperati; i batteri con il profago sono detti lisogeni.

Ciclo lisogeno

Il genoma fagico non dirige la produzione di nuovi fagi, ma si inserisce nel cromosoma batterico grazie alla integrasi e verrà duplicato e trasmesso alla progenie. Il profago esprime un solo gene per la sintesi di un repressore: questo riconosce sequenze del DNA fagico, gli "operatori", e vi si lega bloccando l'espressione dei geni virali; nel contempo impedisce ad altri fagi di infettare la medesima cellula batterica (immunità da superinfezione). Quando sul batterio lisogeno agiscono fattori negativi (raggi UV, mutageni), i composti cellulari prodotti a causa del danno attivano una proteasi che demolisce il repressore. In tal modo si liberano gli operatori e inizia il ciclo litico con la produzione di nuovi fagi e lisi del batterio-ospite. Il ciclo lisogeno meglio conosciuto è quello del profago lambda di *Escherichia coli*.

Un vantaggio della lisogenia è la conservazione dei fagi per più generazioni nei batteri-ospite, così in poco tempo numerosissimi batteri porteranno il profago nel proprio cromosoma e da ogni nuova cellula potrà innescarsi il ciclo litico con liberazione di un elevato numero di nuovi fagi. Un altro vantaggio è la variabilità genetica nei virus e nelle cellule-ospiti, perchè il profago attivato può separarsi in modo asimmetrico, portandosi via frammenti del cromosoma ospite oppure lasciando segmenti di geni propri.

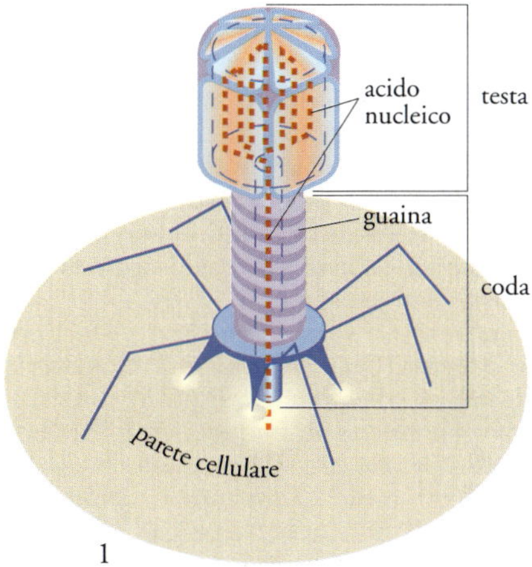

1

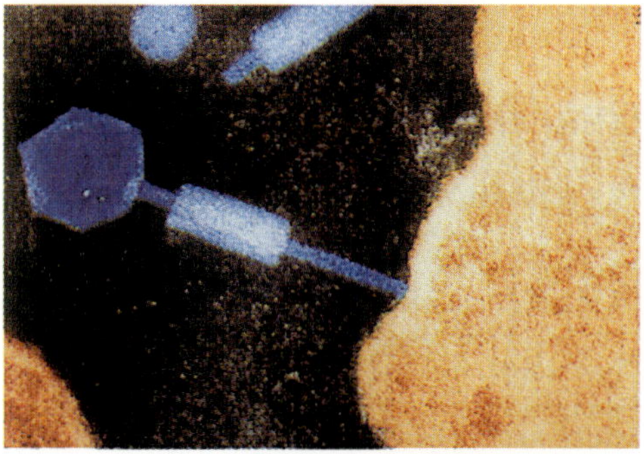

2

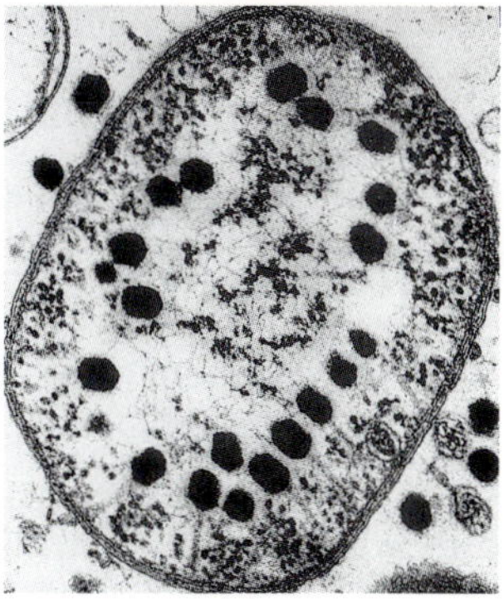

3

1. Struttura schematica di batteriofago T.

2. Contatto tra un batteriofago e la superficie di un batterio.

3. Microfotografia di *Escherichia coli* infarcito di batteriofagi T_2.

4. Microfotografia di un batteriofago e sua replicazione in un batterio.

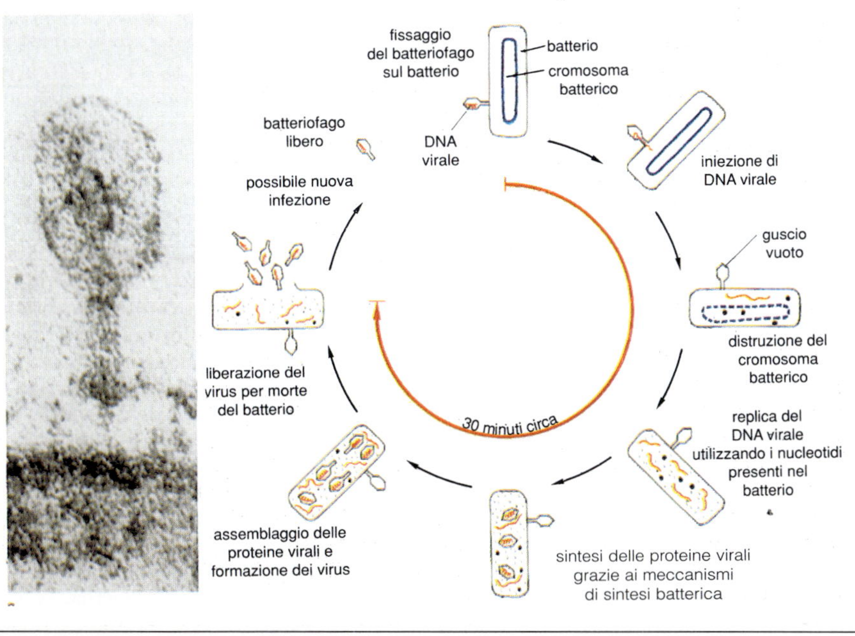

4

Lotta antimicrobica

La lotta antimicrobica condotta con mezzi fisici, chimici e farmacologici, permette di ottenere:
- La sterilizzazione: tutti i batteri sono uccisi;
- La disinfezione: si eliminano solo i germi patogeni, spore comprese;
- L'antisepsi: si blocca l'accrescimento numerico dei microrganismi.

I mezzi fisici e chimici sono elencati in tabella; i mezzi farmacologici sono farmaci specifici contro i microrganismi.

Antibiotici naturali e sintetici

Gli antibiotici sono prodotti naturalmente dai microrganismi per difendersi dai propri simili, ma si possono produrre anche per via sintetica o semisintetica; gli antibiotici sintetici sono prodotti in laboratorio, i semisintetici derivano in parte dai microrganismi, in parte da reazioni chimiche in laboratorio. Più in generale, il termine chemioantibiotico indica qualsiasi farmaco che ostacoli la crescita dei batteri o di altri microrganismi patogeni, indipendentemente dalle modalità della sua sintesi. E' battericida l'antibiotico che uccide i batteri, batteriostatico il farmaco che ne blocca la riproduzione. Le caratteristiche dei chemioantibiotici sono le seguenti:

Efficacia – È correlata con la specificità e la dose necessarie per uccidere i microrganismi-bersaglio: più è efficace il farmaco, minore è la dose richiesta. Si valuta in laboratorio su una carica batterica standard e si riferisce alla frazione attiva della molecola o nucleo di base. L'efficacia può aumentare con la somministrazione contemporanea di più chemioantibiotici, purchè abbiano effetti su catene metaboliche differenti. In tal caso i farmaci cooperano tra loro, con un effetto sinergico.

Spettro d'azione – Indica il numero di generi sensibili all'antibiotico. Gli antibiotici a largo spettro uccidono più generi di microrganismi; quelli a spettro ristretto sono attivi contro un determinato genere.

Via di somministrazione – La più utilizzata è la via orale; in tal caso il farmaco è assorbito nel tratto gastrointestinale. La somministrazione sottocutanea o intramuscolare consente di regolare la velocità di assorbimento. L'iniezione endovenosa permette la rapida distribuzione del farmaco nel corpo. La via cutanea, con l'uso di pomate, è ideale solo per le infezioni superficiali in quanto l'assorbimento cutaneo è piuttosto lento. Nell'organismo il farmaco deve diffondere bene nei tessuti, preferibilmente in quelli aggrediti dai microrganismi patogeni.

Eliminazione – Avviene attraverso i reni (urina) o il fegato (bile). La velocità di eliminazione determina l'emivita (tempo di dimezzamento) del chemioantibiotico, cioè il tempo necessario perchè la concentrazione in circolo si riduca alla metà. Quasi tutti i chemioantibiotici hanno emivita breve perché non devono accumularsi, altrimenti potrebbero provocare intossicazione.

Assenza di tossicità – L'antibiotico dovrebbe agire selettivamente sui microrganismi, escludendo le cellule umane. Sono tuttavia frequenti gli effetti collaterali, soprattutto di tipo allergico.

Metabolismo – Analogamente ad altri farmaci, gli antibiotici sono trasformati nell'organismo mediante aggiunta di gruppi chimici. La molecola di origine può essere metilata (aggiunta di un gruppo $-CH_3$) oppure acetilata (aggiunta di un gruppo $-CH_2-COOH$), ma conserva la sua attività perché le modificazioni non riguardano il sito attivo. Molti antibiotici si legano in modo instabile alle proteine del siero (legame sieroproteico) e poi sono gradualmente rilasciati in circolo; nonostante le modificazioni, dopo il rilascio i farmaci si mantengono ancora attivi.

Resistenza ai chemioantibiotici

La resistenza è un meccanismo di difesa dei microrganismi nei confronti delle specie produttrici di antibiotici, che condividono il medesimo habitat. La resistenza è naturale quando rimane stabile nel tempo e si manifesta in tutti i membri della popolazione batterica; è acquisita quando si può trasmettere e non compare in tutti gli elementi della popolazione. La resistenza acquisita può comparire in una popolazione per mutazione (resistenza cromosomica) o per trasferimento dei geni specifici (resistenza extracromosomica o plasmidica). La resistenza è effettiva (naturale o

Mezzi fisici di sterilizzazione				
Sistema	**Tipo**	**Strumenti**	**Applicazioni**	**Operazioni**
Fattori naturali	Luce solare	Sole	Ambiente; oggetti	Esposizione al sole, che provoca essiccamento e uccide i batteri con la frazione UV.
	Diluizione	Aria	Ambiente	Dispersione dei batteri nell'ambiente.
	Concorrenza vitale	Habitat	Ambiente	Concorrenza tra batteri nel medesimo habitat.
Calore secco (alte temperature in assenza di vapore).	Fiamma diretta	Becco Bunsen.	Sterilizzazione di piccoli strumenti di laboratorio (anse di platino, imboccature delle provette o dei contenitori) e per le sterilizzazioni "spicciole" in laboratorio.	Il materiale va direttamente sulla fiamma, con l'avvertenza di non formare aerosol patogeni. Inizialmente il materiale va asciugato nella zona esterna della fiamma e poi spostato nella zona centrale per arroventarlo.
	Aria calda	Stufe elettriche, di solito a 180 °C per un'ora.	Vetreria di laboratorio, oggetti in ceramica o di metallo, oli e polveri.	La temperatura di sterilizzazione è leggermente inferiore a quella di carbonizzazione e non deve alterare il colore dei materiali contenenti sostanze organiche. A questa temperatura, garze o tappi di cotone grezzo diventano leggermente più scuri, ma se diventano neri significa che è avvenuta la catramizzazione, con alterazione delle sostanze organiche: la valutazione del loro colore è utile come controllo.
	Incenerimento.	Inceneritore.	Distruzione di carcasse di animali da laboratorio o di materiale infetto.	Combustione completa del materiale.
Calore umido (alte temperature in presenza di vapore).	Vapore acqueo in pressione.	Autoclave.	Terreni di coltura, materiale organico prima dello smaltimento, strumenti di laboratorio. Non sterilizzare materiale contenente zuccheri, perchè caramellano a 115 °C.	Il vapore acqueo raggiunge temperature superiori ai 100 °C, direttamente proporzionali alla pressione impiegata. Tutta l'aria va eliminata dall'autoclave, per far penetrare il vapore in ogni punto del materiale da sterilizzare, altrimenti la presenza di aria e vapore fa diminuire la pressione, con abbassamento della temperatura e quindi la sterilizzazione risulta incompleta. Per la maggior parte dei materiali, sono sufficienti 121 °C a 1 atmosfera per 15-20 minuti, per distruggere sia le forme vegetative, sia le spore ed i virus più resistenti.
	Tindallizzazione.	Tindallizzatore.	Alimenti, bevande. Lascia inalterato il contenuto nutritivo.	Il materiale (es. il latte) è bollito per tre volte a distanza di un giorno: la prima bollitura uccide tutte le forme vegetative; le spore sopravvivono, ma a causa dello shock termico germinano e la seconda bollitura elimina anche le nuove forme vegetative; la terza bollitura è una precauzione per eliminare eventuali spore particolarmente resistenti.
	Pastorizzazione	Pastorizzatore.	Alimenti, bevande. Lascia inalterato il contenuto nutritivo.	Riscaldamento del materiale a 60-70 °C per 20 minuti. Distrugge solo i germi patogeni e l'alimento rimane integro al massimo per tre giorni dopo il trattamento.
Filtrazione.	Separazione in base alle dimensioni.	Membrane porose di materiale plastico, con pori di diametro fisso e uniforme ottenuti col raggio laser.	Materiale liquido.	Il materiale da sterilizzare attraversa il filtro per gravità oppure grazie ad un sistema di aspirazione. I filtri standard non trattengono i virus e i micoplasmi.
Irraggiamento.	Raggi ultravioletti (UV).	Lampade a bassa pressione di idrogeno; sono attivi tra 240 e 280 nm.	Sterilizzazione dell'aria ambientale.	Esposizione del materiale ai raggi UV, ma solo ciò che è direttamente esposto è sterilizzato. I raggi UV sono poco penetranti e possono esser bloccati dal vetro. Inibiscono la replicazione del DNA oppure provocano mutazioni.
	Raggi gamma.	Emessi da isotopi radioattivi come il Co^{60}.	Sterilizzazione di materiale monouso confezionato (siringhe, aghi, guanti e altri oggetti).	Esposizione del materiale ai raggi gamma. Sono radiazioni molto penetranti e letali per ogni forma di vita.

Tabella dei mezzi fisici di disinfezione

acquisita) quando l'antibiotico non ha efficacia, anche se si aumenta la sua concentrazione ed è selettivo per i bersagli.

Un altro fenomeno è la tolleranza, secondo la quale i batteri resistono a dosi anche molto elevate di antibiotico e solo quando la dose letale aumenta di oltre trenta volte si manifesta l'effetto battericida.

La resistenza agli antibiotici si basa sui seguenti meccanismi biochimici, che si possono anche combinare insieme:

1. Azione di enzimi disattivanti – I batteri producono enzimi che inattivano l'antibiotico, provocando la rottura di un legame chimico oppure la sostituzione di un gruppo nella molecola. Ad esempio, i ceppi resistenti alle β-lattamine (penicilline, cefalosporine) producono b-lattamasi, un enzima che inattiva l'antibiotico rompendo un legame covalente del nucleo attivo. La β-lattamasi è inducibile nei $Gram^+$, è costitutivo nei $Gram^-$; il gene per l'enzima può trovarsi nel cromosoma principale *(Bacillus cereus)* oppure in un plasmide *(Staphylococcus aureus).*
2. Modificazione del bersaglio – Il batterio modifica il sito attivo dell'enzima bersaglio di un antibiotico, perciò utilizza solo il suo substrato naturale e l'antibiotico non ha effetto. Il medesimo effetto si ottiene su altri bersagli modificati: ad esempio il bersaglio della streptomicina è una proteina ribosomale che, una volta modificata, non si lega all'antibiotico.
3. Impermeabilità al farmaco – Le modificazioni della parete cellulare, ad esempio dei lipopolisaccaridi nei $Gram^-$, impediscono l'ingresso del farmaco nella cellula batterica. La resistenza alle tetracicline si basa su questo meccanismo.
4. Incremento del bersaglio – Gli enzimi sensibili all'antibiotico sono prodotti in più copie, in conseguenza della modificazione dei geni regolatori.
5. Eliminazione attiva del farmaco – Una proteina di membrana trasporta attivamente fuori della cellula batterica il farmaco. È frequente in ceppi selvatici di Pseudomonas e in Escherichia coli; sovente la resistenza alle tetracicline si basa su questo fenomeno.

Meccanismo d'azione dei chemioantibiotici

Gli antibiotici, naturali o sintetici, attualmente disponibili interferiscono in pratica con tutti i processi biochimici fondamentali della cellula batterica.

Azione sulla parete – Il farmaco interferisce con la sintesi della parete batterica e ha effetto battericida; non è tossico in quanto la parete non esiste nelle cellule umane. I β-lattamici (penicilline, cefalosporine, monobattami) bloccano alcune proteine di membrana, presenti anche nella parete, e impediscono la formazione dei ponti tra i peptidi e l'ac. muramico; in alcune zone la parete diventa molto sottile e non sopporta più la pressione osmotica interna, di conseguenza la membrana plasmatica si rompe e il citoplasma fuoriesce. I β-lattamici agiscono prevalentemente sugli aerobi $Gram^+$ e $Gram^-$, ma anche contro alcune specie anaerobiche. Le cefalosporine operano in prevalenza sui batteri $Gram^-$. La fosfomicina blocca la formazione del NAG già a livello citoplasmatico, ha un ampio spettro di azione e non dà reazioni allergiche.

Azione sulla membrana plasmatica – Gli antibiotici disorganizzano la struttura lipoproteica della membrana e ne alterano la permeabilità selettiva; la cellula batterica muore perché perde ioni importanti, come Ca^{++} e K^+. Le polimixine agiscono in tal modo e sono più efficaci sui $Gram^-$, ma sono poco selettive; sono tossiche a livello renale, pertanto sono poco usate.

Azione sulla sintesi degli acidi nucleici – La formazione di DNA o RNA è bloccata perché gli antibiotici fanno mancare i precursori oppure bloccano importanti enzimi per la sintesi degli acidi nucleici. I sulfamidici si sostituiscono all'ac. para-amminobenzoico, un metabolita indispensabile per la sintesi dell'ac. folico, che a sua volta è essenziale per la sintesi delle purine; sono batteriostatici e sono molto efficaci sui $Gram^+$, soprattutto su quelli che infettano l'apparato genito-urinario. Le rifamicine e le rifampicine (classe dei macrolidi) bloccano la RNA-polimerasi e impediscono la sintesi delle proteine, dato che l'enzima è necessario per produrre RNA; pur essendo specifiche per i micobatteri (tubercolosi, lebbra) hanno ampio spettro d'azione e funzionano persino contro alcuni virus. L'ac. nalidixico, l'ac. oxolinico e l'ac. piromidico bloccano la DNA-polimerasi e impediscono la duplicazione del DNA; l'azione è battericida, con maggiori effetti sui $Gram^-$.

Mezzi chimici di sterilizzazione		
Tipo	Azione	Applicazioni
Acidi.	Gli acidi inorganici (acido cloridrico, acido solforico) sono battericidi ma alterano gli oggetti; gli acidi organici (acido acetico) sono batteriostatici.	Gli acidi inorganici hanno un impiego limitato, mentre gli acidi organici sono utilizzati prevalentemente nella conservazione degli alimenti.
Alcali.	Gli idrossidi liberano ioni ossidrilici che denaturano le proteine.	Su oggetti non metallici, perché gli alcali intaccano i metalli, in particolare l'alluminio.
Alcoli.	L'alcool etilico a 95° è detergente della cute integra. L'alcool etilico al 70% denatura le proteine delle forme vegetative. L'efficacia dell'alcool aumenta con il numero di atomi di carbonio della molecola.	Contatto con i microrganismi; detersione di superfici; disinfezione se il contatto è prolungato.
Aldeidi.	Formaldeide e glutaraldeide denaturano le proteine sostituendo gli atomi di idrogeno con gruppi alchilici.	Disinfezione di superfici o locali. Sono irritanti per le mucose.
Alogeni.	I più attivi sono il cloro e lo iodio. Il cloro viene abitualmente usato sotto forma di ipoclorito di sodio, che libera ossigeno e agisce come forte ossidante. Lo iodio è utilizzato sotto forma di tintura di iodio (al 7% in ioduro di potassio)	Il cloro è irritante e non va usato sulle ferite o sulle mucose; ossida i metalli e altera la gomma. E' utilizzato per la disinfezione delle piscine e delle acque potabili. Lo iodio è efficace, ma provoca la necrosi delle cellule, pertanto va impiegato sulla cute integra e non su ferite o mucose.
Clorexidina	Particolarmente attiva contro i batteri $Gram^+$.	In soluzione alcolica per il lavaggio delle mani e in campo chirurgico.
Composti tensioattivi	Abbassano la tensione superficiale adsorbendosi tra liquido e gas e tra liquido e liquido. Sono classificati in: t. anionici, se i gruppi adsorbibili sono anioni; t. cationici, se i gruppi sono cationi; t. anfoteri, se ci sono entrambi i gruppi; t. non-ionici, quando i gruppi non sono ionizzabili. I t. cationici e gli anfoteri sono germicidi. I sali di ammonio quaternario sono i t. cationici più importanti: distruggono le membrane plasmatiche dei batteri, in particolare dei $Gram^+$, di meno sui $Gram^-$; non hanno effetto su virus, spore e micobatteri; sono inattivati dai composti anionici.	Non sono tossici, sono inodori, hanno azione detergente. Sono usati come antisettici nei saponi, nei dentifrici e nelle pastiglie contro il mal di gola.
Ossidanti diretti	L'acqua ossigenata (H_2O_2) e l'ozono (O_3) liberano ossigeno; hanno azione disinfettante per ossidazione diretta del substrato.	H_2O_2 a 12 volumi è usata per la disinfezione delle ferite; al 3% disinfetta le mucose ed al 6% gli strumenti.
Sali di metalli pesanti.	I sali di mercurio e di argento denaturano le proteine. Il mercurocromo è un antisettico poco irritante, il sublimato corrosivo è un disinfettante molto efficace ma tossico.	Mercurocromo: disinfezione della cute; sublimato: disinfezione di ampie superfici (latrine).

Tabella dei mezzi chimici di disinfezione

Azione sui ribosomi – Gli antibiotici che si legano ad una subunità dei ribosomi impediscono la traduzione dell'RNAm o l'appaiamento codone-anticodone; la cellula batterica non produce più proteine oppure le produce ma sono inattive. Il cloramfenicolo si fissa sulla subunità 50S dei ribosomi e inibisce la peptidiltransferasi, ma non blocca la sintesi proteica e le proteine risultano prive di alcuni segmenti. L'effetto è ad ampio spettro ma è batteriostatico, perchè il blocco non è permanente. Tra i macrolidi attivi sui ribosomi, l'eritromicina si lega alla subunità 50S dei ribosomi e ostacola lo scorrimento dell'aminoacil-RNAt sull'RNAm. Nonostante l'azione reversibile, spesso i macrolidi sono battericidi nei confronti dei Gram$^+$; sono una valida alternativa alla penicillina nei pazienti allergici. Le tetracicline impediscono l'aggancio dell'amminoacil-RNAt alla subunità 30S dei ribosomi, di conseguenza l'appaiamento codone-anticodone è impossibile e l'allungamento della catena proteica è bloccato. Lo spettro di azione è ampio, con effetti su Gram$^+$, Gram–, Rickettsie, Clamidie, Micoplasmi e su alcune specie di *Ameba*. L'ampio spettro di azione ha portato ad un largo impiego delle tetracicline, che hanno selezionato batteri resistenti, dotati di diversa permeabilità di membrana. Se somministrate a neonati e bambini con denti in crescita, le tetracicline si depositano nello smalto e colorano i denti di giallo–bruno, tanto più scuro quanto maggiore è la quantità di antibiotico assunta. Nelle donne in gravidanza, l'antibiotico supera facilmente la placenta e si deposita nello scheletro del feto, con effetti teratogeni. Tra gli aminoglicosidi, la streptomicina si lega irreversibilmente ad una proteina della subunità 30S dei ribosomi per impedire la corretta traduzione dell'RNAm; la proteina non funziona perchè la sequenza amminoacidica è errata. È efficace sui Gram– e su alcuni Micobatteri. Poiché la streptomicina agisce anche sulla membrana plasmatica, può avere effetti tossici cumulativi sui reni e sul nervo acustico, con conseguente sordità.

Valutazione dell'efficacia degli antibiotici
Tra i metodi per stabilire la sensibilità di una specie batterica nei confronti di un antibiotico, l'antibiogramma è il più diffuso, benchè fornisca informazioni qualitative e non quantitative. Dopo aver fatto crescere i batteri su idoneo terreno di coltura, si preleva un campione da una colonia e si distribuisce uniformemente su un terreno solido o liquido per antibiogramma. La coltura è messa a contatto con diversi antibiotici ed è fatta crescere in termostato. Sui terreni solidi i batteri crescono uniformemente su tutta la superficie, tranne che intorno ai dischetti imbevuti di antibiotico; la concentrazione dell'antibiotico nella pastiglia è scelta in base alle necessità terapeutiche. Le dimensioni degli aloni di inibizione della crescita batterica danno idea dell'efficacia dell'antibiotico: se il diametro dell'alone è grande, il batterio è sensibile; se è piccolo o assente, è resistente. Qualora gli aloni di inibizione di pastiglie vicine si fondano tra loro, gli antibiotici sono sinergici. Nei terreni liquidi si valuta la presenza di torbidità. Le valutazioni qualitative sono espresse con "sensibile" o "resistente" senza indicare quantità. Talvolta l'alone di inibizione intorno all'antibiotico è molto piccolo e in tal caso si segnala un valore "intermedio".

Farmaci antivirali
Il numero di farmaci specifici contro i virus è inferiore a quello degli antibatterici, poiché i bersagli specifici sono minori e più difficili da colpire. Questo dipende da tre caratteristiche: 1) I virus sono parassiti endocellulari e sono nascosti nelle cellule-ospiti dove è difficile raggiungerli con i farmaci. 2) I virus aggrediscono cellule specifiche, perciò bisognerebbe avere farmaci attivi solo su di esse. 3) I virus sfruttano per la replicazione molte vie metaboliche della cellula e i farmaci attivi su questi bersagli potrebbero colpire anche le cellule sane. Ciononostante, sono state individuate alcune tappe metaboliche e molecole tipiche dei virus, che possono funzionare come bersaglio dei farmaci antivirali in modo da limitarne la tossicità.
La maggior parte dei farmaci antivirali è somministrata localmente nella zona di infezione, perchè la via sistemica può produrre più facilmente effetti collaterali. I farmaci antivirali risultano più efficaci in vitro che in vivo, poiché nell'ospite hanno maggiori difficoltà a raggiungere le cellule infettate.
Gli interferon γ e β hanno buona attività antivirale e antiproliferativa. Somministrati local-

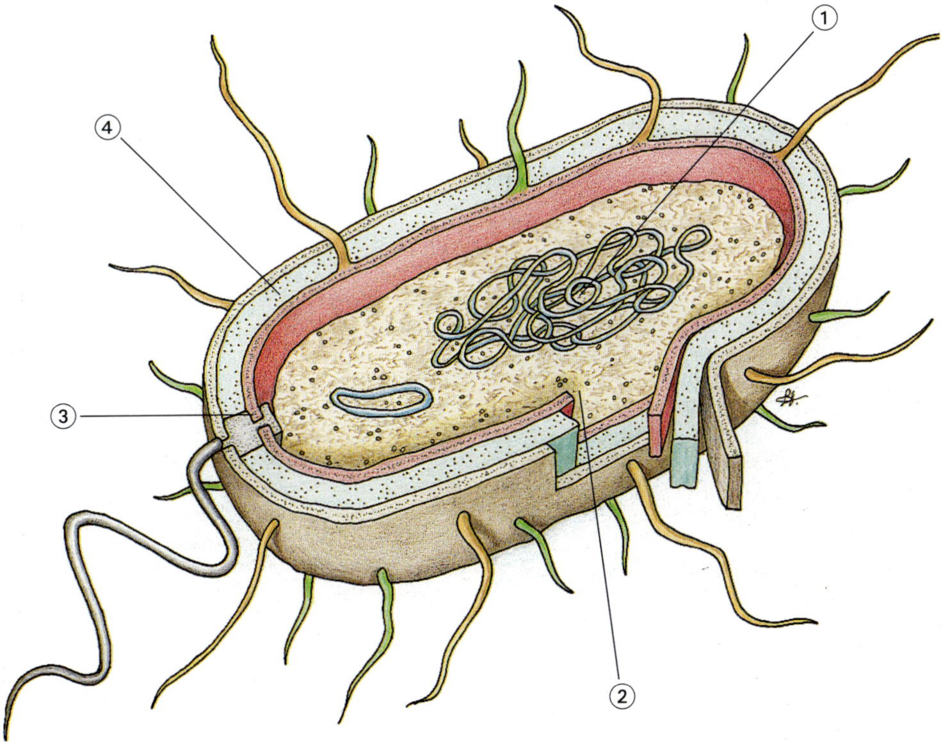

I siti di azione dei più comuni antibiotici.
1. Acidi nucleici: Rifamicine.
2. Ribosomi: Cloramfenicolo, Macrolidi, Aminoglicosidi, Tetracicline.
3. Membrana plasmatica: Polimixina, Colistina.
4. Parete cellulare: Penicilline, Cefalosporine, Fosfomicina.

mente hanno effetto contro la cheratite erpetica; la somministrazione sistemica provoca effetti collaterali reversibili, come febbre e cefalea. L'acyclovir agisce solo sulle cellule infettate da virus, poichè dopo essere fosforilato dalla timidinchinasi inibisce la DNA-polimerasi virale. Naturalmente solo i virus che producono questo enzima sono sensibili all'acyclovir. La ribavirina è attiva in vitro contro i virus a DNA e a RNA; in vivo è efficace contro le infezioni influenzali e parainfluenzali. È tollerata se somministrata per aerosol; assunta per via sistemica può danneggiare il fegato e inibire la sintesi dell'emoglobina; gli effetti dannosi sono reversibili e correlati alla dose. L'amantadina blocca il denudamento dei virus rivestiti nella cellula-ospite; è impiegata prevalentemente contro i virus dell'influenza, soprattutto del tipo A. Gli effetti collaterali comprendono vertigini, insonnia, sindromi psicotiche. L'azidotimidina (AZT) inibisce la trascrittasi inversa dei Retrovirus. In vitro è selettiva contro i Retrovirus, compreso l'HIV; in vivo si distribuisce bene in tutti i tessuti e non dà effetto di accumulo. Gli effetti collaterali dell'AZT interessano l'emopoiesi, ma sono stati osservati anche disturbi epatici e renali, cefalee e alterazioni dello stato di coscienza. Il farmaco è attualmente in uso in combinazione con altri farmaci, contro l'AIDS e sindromi correlate. Dall'AZT deriva la categoria degli "inibitori della trascrittasi inversa", come la didanosina, la dideossicitidina e la laminidina (3TC), in uso nella combinazione di farmaci contro l'HIV. Nella combinazione di tre farmaci è incluso anche l'indinavir, un inibitore della proteasi. Questi farmaci sono efficaci con scarsi effetti collaterali. La vitamina C è somministrata oralmente contro l'erpete precoce; agisce come antiossidante ed è efficace nelle prime fasi dell'infezione. I sostituti alogenati non sono selettivi e sono citotossici, perciò sono somministrati solo localmente. Per migliorare la risposta immunitaria alle infezioni, è sempre più frequente la somministrazione di farmaci combinata con citochine prodotte per via biotecnologica.

Farmaci antimicotici
Le infezioni micotiche sono diffuse soprattutto tra gli individui immunocompromessi, come i malati di AIDS e di tumore o i pazienti sottoposti a trapianto d'organo, per i quali tali infezioni sono pericolose e spesso persino mortali. Nelle persone sane, invece, sebbene siano frequenti e fastidiose, sono raramente gravi. Queste situazioni hanno portato a produrre molti tipi di farmaci, gran parte dei quali presenta effetti collaterali negativi, perché agiscono su strutture comuni alle cellule umane ed a quelle fungine. Inoltre, la terapia antimicotica è complicata dalla resistenza ai farmaci sviluppata da numerose specie patogene. Per questi motivi la ricerca medica sta cercando nuovi farmaci capaci di colpire selettivamente i miceti, in particolare la parete cellulare, che non esiste nelle cellule umane. I nuovi farmaci antimicotici dovrebbero bloccare l'azione di enzimi o di geni essenziali per la sintesi della parete cellulare. Un'altra linea di ricerca vuole isolare sostanze antimicotiche da microrganismi estremofili, invertebrati marini e piante naturalmente resistenti alle infezioni micotiche. Ad esempio la zeamatina, estratta dai semi di mais, forma dei pori nella parete e aumenta la permeabilità cellulare, provocando la morte della cellula per shock osmotico.
I farmaci antimicotici attualmente più utilizzati, la nistatina e la griseofulvina, curano le micosi superficiali. Le infezioni sistemiche, quali la criptococcosi e la candidosi sistemica, sono contrastate dalla anfotericina B in combinazione con la flucitosina; la flucitosina da sola ha uno spettro d'azione ristretto alla candidosi del tratto urinario inferiore. Il chetoconazolo è efficace contro le aspergillosi e la candidosi sottocutanea. Il fluconazolo è ad ampio spettro ed è attivo contro la candidosi orale, vaginale e sistemica; l'itraconazolo è ad ampio spettro per la cura di micosi superficiali, sottocutanee e sistemiche.

Farmaci antiprotozoi
I farmaci contro i protozoi sono utilizzati sia per la profilassi sia per la terapia, però comportano i medesimi problemi degli antimicotici, perché sono pochi, sovente hanno effetti collaterali e selezionano protozoi resistenti. Contro la malaria si usano la clorochina e il chinino, ma contro le forme resistenti si ricorre all'associazione tra pirimetamina e sulfametopirazina. L'amebiasi è contrastata dal metronidazolo e la tripanosomiasi dalla suramina. L'anfotericina B è attiva contro la *Leishmania.*

1

2

1. Colonie di *Penicillum* produttrici di antibiotici.

2. Antibiogramma per la valutazione della resistenza di *Staphylococcus pyogenes* alla penicillina.

3. Azione di alcuni farmaci antivirali su HIV.

Nome	Organismo produttore	Attività	Sito di azione
Penicilline	*Penicillium chrysogenum*	Gram +	Sintesi della parete cellulare
Cefalosporine	*Cephalosporium acremonium*	Gram + e −	Sintesi della parete cellulare
Ant. Aminoglicosidici (Streptomicina, neomicina, gentamicina)	*Streptomyces griseus* *Streptomyces fradiae* *Micromonospora purpurea*	Batteri aerobi gram −	Sintesi proteica batterica
Tetracicline e cloramfenicolo	*Streptomyces auerofaciens* *Streptomyces rimosus*	Gram + e −	Sintesi proteica batterica
Eritromicina	*Streptomyces erythreus*	Gram +	Sintesi proteica batterica
Actinomicina D Rifampicina	*Streptomyces ssp* *Streptomyces mediterranei*	Gram + e − antitumorale	Sintesi dell'Rna messaggero
Daunorubicina Mitomicina C	*Streptomyces peucetiusu* *Streptomyces caespitosus*	Gram + e − antitumorale	Sintesi del Dna
Bleomicina	*Streptomyces verticillis*	Gram + e − antitumorale	Frammentazione del Dna

3

Le principali scoperte della microbiologia

1674-76	A. Van **Leeuwenhoeck** costruisce microscopi e osserva per la prima volta "piccolissimi animalucoli".
1798	E. **Jenner** utilizza il virus del vaiolo bovino per immunizzare le persone contro il vaiolo umano: è il primo vaccino della storia.
1828	C.G. **Ehrenberg** propone il termine "batterio" per indicare questi microrganismi; il nome deriva dal greco e significa "bastoncino".
1860-1870	J. **Lister** introduce le prime norme di asepsi nelle pratiche di medicina e chirurgia.
1864	L. **Pasteur** riferisce i risultati di una serie di esperimenti che demoliscono la teoria della generazione spontanea e dimostrano che i batteri si formano solo da altri batteri.
1872	F. **Cohn** pubblica un trattato in tre volumi sui batteri; questo primo approccio sistematico fa includere Cohn tra i fondatori della moderna batteriologia.
1873	**Hansen** identifica l'agente causale della lebbra.
1876	R. **Koch** individua in *Bacillus anthracis* il responsabile del carbonchio.
1878	J. **Lister** ottiene per la prima volta colture pure di batteri.
1880	J. **Petri** inventa un piattino di vetro con coperchio (capsula Petri) per contenere ed isolare i terreni di coltura.
1882	R. **Koch** isola *Vibrio cholerae*, il batterio che provoca il colera. Nello stesso anno identifica *Mycobacterium tuberculosis*, agente della TBC.
1884	L. **Pasteur** attenua il virus della rabbia per il vaccino antirabico.
1887	**Weichselbaum** scopre che la meningite è provocata dal menigococco.
1890	F. **Loffler** identifica il batterio che provoca la difterite.
1892	**Ivanowsky** dimostra che il responsabile del mosaico del tabacco è filtrabile.
1894	**Yersin** identifica l'agente causale della peste e lo chiama *Pasteurella pestis* in omaggio di L. Pasteur, che fu suo maestro; successivamente il nome del batterio è stato cambiato in *Yersinia pestis.*
1895	S. **Kitasato** identifica in *Clostridium tetani* il responsabile del tetano; successivamente con E. Von Behring crea l'antisiero antitossina tetanica.
1898	M.W. **Beijerinck** trasmette il virus del mosaico del tabacco da un estratto di foglia malata ad una pianta sana: è la prima dimostrazione della trasmissibilità dei virus. A. Neisser scopre il gonococco *(Neisseria gonhorreae)* responsabile della gonorrea.
1900	W. **Reed** stabilisce che la febbre gialla è provocata da un agente filtrabile, identificando così la prima malattia infettiva umana non provocata da batteri.
1905	**Shauddin** isola *Treponema pallidum* responsabile della sifilide.
1906	**Wassermann** mette a punto una tecnica di fissazione del Complemento per la diagnosi di sifilide; la reazione di Wassermann è stata molto diffusa fino a qualche anno fa.
1906	Grazie a **Ehrlich**, è disponibile il Salvarsan, il primo chemioterapico della storia della microbiologia.
1911	F.P. **Rous** identifica il primo virus oncogeno, il virus del sarcoma di pollo.
1915-17	W. **Tworth** e F. **D'Herelle** scoprono in ricerche indipendenti l'esistenza dei batteriofagi.
1922	**Lisbonne** e **Carrère** scoprono l'esistenza dei batteri lisogeni.
1929	A. **Fleming** trova la penicillina.

1933	Identificazione del virus dell'influenza da parte di Andrews, Laidlaw e Smith.
1935	**Stanley** cristallizza il virus del mosaico del tabacco.
1943	S. **Waksman** dimostra che la streptomicina è attiva contro il micobatterio della tubercolosi.
1944	Gli esperimenti di O.T. **Avery** sulla trasformazione dei pneumococchi dimostrano che il DNA porta l'informazione genetica.
1949	Enders ed altri coltivano il virus della poliomielite.
1952	Le fasi della replicazione fagica sono delineate da Chase e Hershey. Nello stesso anno Koprowski ottiene il primo ceppo attenuato del virus della poliomielite.
1954	Salk produce il primo vaccino antipoliomielite, costituito da virus uccisi.
1957	A. **Isaacs** scopre l'interferon. A. Sabin costruisce il vaccino antipoliomielite formato da virus vivi attenuati.
1958	G. **Beadle**, J. **Lederberg** ed E. **Tatum** ricevono il premio Nobel per gli studi sulla ricombinazione batterica.
1961	F. **Jacob** e J. **Monod** propongono il modello dell'operone Lac per spiegare la regolazione genica in *E. coli.*
1961	**McCullock** decrive il ciclo produttivo e abortivo dei virus oncogeni.
1964	H. **Temin** scopre la trascrittasi inversa, l'enzima che trascrive l'RNA in DNA.
1971-73	Scoperta degli enzimi di restrizione, indispensabili nelle tecniche del DNA ricombinante.
1975	Impiego su scala industriale di biofermentatori per produrre proteine alimentari tramite batteri (down-stream processing).
1975	**Kohler** e **Milstein** producono per la prima volta gli anticorpi monoclonali, oggi ampiamente utilizzati per la diagnosi di malattie infettive.
1979	D. **Goeddel** modifica geneticamente cellule di *Escherichia coli* per produrre l'ormone della crescita umano.
1980	R. **Gallo** identifica il virus della leucemia a cellule T umano (HTLV).
1982	L'insulina è la prima proteina umana ad essere prodotta da *E. coli* geneticamente modificato e utilizzata a scopi terapeutici.
1982	S. **Prusiner** identifica nei prioni gli agenti causali di malattie degenerative del sistema nervoso centrale (morbo di Creutzfeld-Jakob).
1983	K.B. **Mullis** inventa la tecnica della reazione polimerasica a catena (PCR).
1986	Inizia l'era dei vaccini ricombinanti, annunciata dal vaccino antiepatite B.
1984	R. **Gallo** e L. **Montagnier** indicano il virus dell'immunodeficienza umana (HIV) come responsabile dell'AIDS.
1990	Utilizzo dei vettori virali (virus difettivi) per la terapia genica.
1997	Il **National Institute of Allergy and Infectious Diseases** (USA) costruisce il database, in costante aggiornamento, del sequenziamento del genoma dei principali agenti infettivi patogeni.

Glossario

Acido nucleico: polimero di nucleotidi contenente l'informazione genica. Ne esistono due tipi: acido desossiribonucleico (DNA) ed acido ribonucleico (RNA).

Acidoresistenza: caratteristica di certe specie batteriche che trattengono il colorante e non si decolorano con l'uso di acido o alcool.

Aerobio: organismo che richiede ossigeno per fabbricare ATP.

Aflatossina: tossina cancerogena prodotta da alcuni ceppi di Aspergillus flavus.

Agar: estratto polisaccaridico da alghe rosse impiegato come solidificante nei terreni di coltura batteriologici.

Amplificazione genica: incremento del numero di copie di una sequenza di DNA che porta una determinata informazione genetica.

Anaerobio: organismo che vive in ambiente privo di ossigeno e utilizza le reazioni di fermentazione per ricavare l'energia necessaria al suo metabolismo.

Anaerobio facoltativo: microrganismo che di solito vive in presenza di ossigeno, ma può sopravvivere anche in anaerobiosi.

Anfitrico: batterio con un flagello a ciascuna delle sue due estremità.

Ångström: unità di lunghezza utilizzata comunemente per indicare le dimensioni di ultrastrutture cellulari. Equivale a 10^{-8} cm ed il simbolo è Å.

Antagonismo: situazione in cui due specie microbiche condividono il medesimo habitat e una delle due cerca di eliminare, danneggiare o inibire l'altra.

Antibiotico: composto naturale, prodotto da batteri o funghi microscopici, che uccide altri microrganismi o ne inibisce la crescita. Gli antibiotici sono ampiamente utilizzati nella terapia delle malattie infettive batteriche o come supporto contro possibili superinfezioni durante infezioni virali.

Anticorpo monoclonale: immunoglobulina a singola specificità antigenica. Gli anticorpi monoclonali sono prodotti in vivo dai mielomi, in vitro da ibridomi specifici con capacità proliferative illimitate.

Antimicrobico: agente chimico o biologico che uccide i microrganismi o ne impedisce la riproduzione.

Antisettico: agente chimico o fisico che si oppone all'accrescimento dei microrganismi.

Antitossina: anticorpo specifico contro una tossina batterica.

Aploide: corredo cromosomico di una cellula, dove ogni cromosoma è presente in unica copia; ad esempio i batteri possiedono un solo cromosoma circolare.

Asco: organo a forma di sacco dove si formano le ascospore; è tipico degli Ascomiceti.

Ascomiceti: classe di funghi che possiedono l'asco.

Ascospora: spora sessuale degli Ascomiceti, prodotta nell'asco dopo la fusione di due nuclei.

Asettico: ambiente o oggetto privo di microrganismi potenzialmente patogeni o contaminanti.

Autoclave: strumento che combina la pressione e il calore umido per sterilizzare oggetti.

Autolisi: distruzione di una cellula batterica per opera dei propri enzimi.

Autotrofo: microrganismo che fabbrica composti organici a partire da sostanze inorganiche.

Bacillo: batterio di forma bastoncellare.

Basidio: organo a forma di clava tipico dei Basidiomiceti dove si formano le basidiospore.

Basidiomiceti: classe di funghi che formano le basidiospore.

Basidiospora: spora che si forma sul basidio in seguito all'unione di due nuclei.

Battericida: agente chimico o fisico capace di uccidere i batteri.

Batterio: organismo unicellulare procariote, protetto da una parete esterna e dotato di un unico cromosoma, formato da una molecola circolare di DNA non racchiusa in un nucleo, ma a contatto con il citoplasma. Nel citoplasma vi sono enzimi e ribosomi, senza altre strutture specializzate.

Batteriofago (fago): virus che parassita esclusivamente i batteri. Ognuno può infettare un numero ridotto di specie batteriche.

Batteriolisina: composto che provoca la distruzione (lisi) dei batteri.

Batteriostatico: agente fisico o chimico che impedisce l'accrescimento dei batteri, senza provocarne la morte.

Biotecnologia: moderna tecnologia che consente di manipolare geneticamente le cellule ed i virus per acquisire nuove caratteristiche oppure per produrre particolari sostanze utili all'uomo.

Capside: contenitore proteico del materiale genetico di un virus.

Capsomero: subunità proteica del capside.

Capsula: strato mucoso che circonda la parete di alcune specie batteriche; è proporzionale alla virulenza del batterio e contiene cataboliti di diverso genere, molti dei quali hanno potere immunogeno.

Cenocitico: riferito a ife fungine prive di setti divisori.

Ceppo: popolazione di batteri caratterizzata da caratteristiche genetiche identiche.

Chemiotassi: spostamento di microrganismi in seguito ad uno stimolo chimico.

Chemiotrofo: microrganismo che ricava energia dall'ossidazione di composti chimici.

cDNA (copy DNA): DNA a singola elica complementare a un RNA messaggero, sintetizzata in vitro grazie alla trascrittasi inversa.

Cellula-ospite: cellula infettata da un virus o da un batterio. In ingegneria genetica si riferisce ad una cellula che ospita nel proprio genoma uno o più geni codificanti per proteine estranee.

Chemioterapico: farmaco antibatterico sintetizzato in laboratorio.

Ciglio: brevi estroflessioni che i protozoi Ciliati utilizzano per il movimento.

Citoplasma: compartimento interno delle cellule, nel quale sono dispersi gli organuli cellulari e le macromolecole organiche.

Cloroplasto: organulo citoplasmatico presente nelle cellule delle piante e delle alghe, contenente enzimi e pigmenti per completare la fase luminosa della fotosintesi.

Cocco: batterio di forma sferoidale.

Colonia batterica: insieme di individui derivanti da un'unica cellula batterica per divisione asessuale e pertanto geneticamente uguali; in una colonia possono differenziarsi ceppi diversi in conseguenza di mutazioni.

Coltura pura: coltura contenente un'unica specie batterica.

Commensalismo: interazione tra individui di specie diverse in un ambiente, dove una specie si avvantaggia e un'altra non subisce influenze.

Conidio: spora asessuata unicellulare o pluricellulare.

Conidioforo: micelio produttore di conidi.

Coniugazione: unione temporanea tra individui allo scopo di aumentare la variabilità genetica. Nei batteri consiste nel trasferimento di plasmidi attraverso i pili; nei protozoi Ciliati nello scambio di micronuclei attraverso la primitiva apertura buccale.

Cromosoma: nei batteri è formato da DNA in doppia elica chiusa ad anello. Negli organismi eucarioti è costituito da cromatina (proteine e DNA) che forma unità indipendenti in numero caratteristico per ogni specie.

Curva di accrescimento: grafico delle fasi di accrescimento dei batteri in coltura.

Delezione: mutazione conseguente alla perdita di materiale genetico, che può essere una sola base o anche un intero pezzo di cromosoma.

Denitrificazione: insieme di reazioni che portano alla riduzione dei nitrati ad azoto gassoso.

Differenziamento batterico: insieme di modificazioni delle cellule batteriche. Il d. è transitorio quando sono attivati geni diversi in risposta alle mutate condizioni ambientali; quando queste ritornano allo stato originario i geni sono disattivati. Il d. è effettivo quando i cambiamenti di forma e di struttura della cellula sono evidenti e stabili.

Diplococchi: batteri di forma sferica disposti a coppie.

DNA ricombinante: DNA modificato mediante sostituzione, eliminazione o aggiunta di sequenze provenienti dalla medesima specie oppure da altre specie (DNA chimerico).

Endospora: spora che si forma all'interno di un batterio sporigeno.

Endotossina: composto chimico appartenente a strutture batteriche, che si liberano nell'ambiente in seguito alla lisi della cellula.

Enzima di restrizione: proteina "di difesa" di molte specie batteriche per demolire il materiale genetico estraneo penetrato nella cellula. Molte tecniche di ingegneria genetica utilizzano gli enzimi di restrizione per tagliare specifiche sequenze di nucleotidi. Sovente si chiamano anche nucleasi di restrizione.

Esotossina: composto chimico tossico per altri organismi liberato dal batterio nell'ambiente circostante.

Eterotrofo: organismo che ricava energia da composti organici prodotti da altri esseri viventi.

Fenotipo: insieme dei caratteri visibili di un individuo o di una popolazione.

Fermentazione: trasformazione di molecole organiche per la produzione di energia da parte di microrganismi dotati di appositi apparati enzimatici e capaci di vivere in ambienti con poco ossigeno o in anaerobiosi. Spesso la fermentazione si accompagna a sviluppo di gas.

Fimbrie: strutture tubolari piene che consentono ai batteri di aderire alle superfici.

Flagello: appendice flessibile delle cellule utilizzata per il movimento.

Forma vegetativa: stadio vitale di un microrganismo corrispondente al periodo di piena attività metabolica.

Fotosintesi: processo di cattura dell'energia luminosa per produrre carboidrati a partira da acqua e anidride carbonica.

Fungo: organismo eterotrofo privo di clorofilla e con struttura filamentosa.

Genotipo: insieme di tutte le caratteristiche, visibili e non, di un individuo.

Golgi, apparato di: organulo citoplasmatico delle cellule eucariote dove vengono immagazzinati i prodotti cellulari da secernere. In questo organulo avviene la coniugazione delle proteine con le altre macromolecole. E' costituito da sacculi membranosi ed appiattiti impilati gli uni sugli altri.

Ingegneria genetica: comprende le tecniche per modificare il materiale genetico di una cellula o di un virus.

Inversione: mutazione dovuta al distacco di un tratto di cromosoma ed ala successivo reinserimento nella stessa sede ma in direzione inversa rispetto a quella originaria.

In vitro: riferito a studi ed esperimenti di biologia eseguiti con strumenti in laboratorio.

In vivo: riferito a studi ed esperimenti di biologia eseguiti su organismi viventi.

Lichene: simbiosi tra un'alga e un fungo.

Lievito: forma unicellulare di un fungo.

Lisogenia: situazione in cui un batteriofago non si replica nel batterio-ospite, ma stabilisce con questo una relazione stabile e non nociva. Il batterio in queste condizioni è definito lisogeno. Il genoma fagico può essere integrato come profago nel cromosoma batterico oppure come episoma.

Lofotrico: batterio con un ciuffo di flagelli situato ad uno dei due poli.

Mesosoma: espansione della membrana plasmatica batterica verso il citoplasma.

Metabolismo: comprende le reazioni biochimiche e gli scambi energetici per la demolizione e la costruzione di molecole organiche.

Micelio: insieme delle ife filamentose che formano un fungo.

Micorriza: simbiosi tra un fungo e le radici di una pianta superiore.

Microaerofilo: microrganismo che vive in ambiente con basse quantità di ossigeno atmosferico.

Micrometro: unità di misura equivalente a un millesimo di mm. Il simbolo è μm.

Mitocondrio: organulo delle cellule eucariote delimitato da una doppia membrana; quella interna forma le creste per aumentare la sua superficie. Attraverso la respirazione produce la maggior parte dell'energia necessaria alle attività cellulari.

Monotrico: batterio con un unico flagello polare.

Mutageno: qualunque sostanza o fattore ambientale che provoca una mutazione genica o cromosomica.

Mutante: organismo che presenta una o più mutazioni rispetto al ceppo selvatico di riferimento.

Mutazione: modificazione del DNA spontanea o indotta da agenti chimici o fisici. Può essere silente oppure può provocare l'alterazione del fenotipo. La mutazione è puntiforme se solo una base azotata è alterata o eliminata; è genica se coinvolge un solo gene; è cromosomica se determina alterazioni nella struttura, nella forma o nel numero dei cromosomi.

Mutualismo: situazione in cui due o più organismi di specie differenti interagiscono con reciproco vantaggio.

Nitrificazione: trasformazione biologica dell'ammoniaca in nitrati.

Nucleocapside: insieme del capside e del materiale genetico di un virus.

Nucleo: organulo di forma per lo più sferica contenente la cromatina e uno o più nucleoli. È presente nelle cellule degli organismi eucarioti.

Nucleolo: corpuscolo nel nucleo, sede della sintesi dell'RNA.

Operatore: regione di DNA situata all'inizio del gene, dove inizia la trascrizione in RNA messaggero.

Operone: insieme di geni controllati da un operatore.

Parassitismo: condizione in cui un organismo vive a spese di un altro e lo danneggia.

Patogeno: agente infettivo che provoca una malattia.

Peptidoglicano: polimero della parete cellulare dei batteri, formato da acetilglucosammina, ac. acetilmuramico ed un pentapeptide.

Peritrico: batterio con flagelli situati su tutta la superficie esterna.

pH: indice di acidità o basicità di una soluzione, calcolata mediante il logaritmo inverso della concentrazione degli idrogenioni.

Pilo: appendice filamentosa di alcune specie di batteri $Gram^-$.

Plasmide: DNA extracromosomico circolare presente nel citoplasma di molti batteri e contenente informazioni accessorie. Il plasmide può replicarsi indipendentemente dal cromosoma principale e può essere trasferito da una cellula batterica all'altra (trasformazione). I plasmidi sono ampiamente usati nell'ingegneria genetica come vettori di geni.

Profilassi: insieme di norme per la prevenzione delle malattie.

Promotore: regione di DNA situata all'inizio di un operone, alla quale si lega la RNA polimerasi. Indirizza l'enzima nel corretto sito di avvio della trascrizione.

Provirus: genoma virale integrato nel genoma della cellula-ospite.

Reazione polimerasica a catena (PCR): tecnica che consente di moltiplicare rapidamente una determinata sequenza di DNA a partire da piccolissime quantità di materiale genetico.

Recettore: proteina di membrana che riconosce e si lega a particolari molecole, dette ligandi.

Replicazione virale: ciclo di produzione di nuovi virioni nella cellula infettata da un virus.

Repressione: azione di una proteina che si lega in modo specifico all'operatore ed impedisce l'accesso della RNA polimerasi all'operone.

Reticolo endoplasmatico (R.E.): organulo cellulare delle cellule eucariote, formato da una serie di cisterne e sacculi collegati tra loro. Il R.E. granulare possiede in superficie i ribosomi ed è sede della sintesi di proteine da secernere; il R.E. liscio è privo di ribosomi ed è sede di sintesi di molecole non proteiche (lipidi, glicidi), per lo più destinate alla secrezione.

Retrovirus: virus a RNA in grado di trascrivere il proprio genoma in DNA, invertendo il senso della sintesi proteica, grazie all'enzima trascrittasi inversa. Il DNA virale (provirus) si integra nel genoma della cellula-ospite.

Ribosoma: organulo citoplasmatico sede della sintesi proteica, costituito da RNA ribosomiale e proteine. Più ribosomi che traducono lo stesso RNA messaggero formano un polisoma. Tutte le cellule possiedono ribosomi.

Ricombinazione: meccanismo biochimico che porta ad una nuova combinazione nelle sequenze di DNA.

Rizosfera: microambiente nel sottosuolo circostante le radici di una pianta, caratterizzata da una maggiore attività microbiologica.

Schizogonia: scissione multipla asessuata di un trofozoite.

Sequenze palindromiche: tratti di DNA simmetrici, con la stessa sequenza letti in direzione 3'-5' e 5'-3' (es. un filamento è 5'-G-C-G-C-3' e il filamento complementare è 3'-C-G-C-G-5'). Sono i siti di taglio delle nucleasi di restrizione.

Simbiosi: interazione tra due o più organismi di specie differenti.

Sonda genica: molecola di DNA o RNA a singola elica, prodotta in laboratorio e marcata in modo da essere facilmente rilevata dopo ibridazione con una sequenza complementare all'interno di una molecola di DNA o RNA; la sonda può essere marcata con elementi radioattivi oppure con nucleotidi modificati per essere rilevati con una reazione immunoenzimatica e/o colorimetrica. Le sonde geniche consentono di individuare singoli geni nel genoma, pertanto sono ampiamente utilizzate per l'identificazione e la determinazione della specie dei microrganismi.

Spettrofotometro: strumento con un raggio luminoso che attraversa il campione in esame, fino a raggiungere un rilevatore di radiazioni; il raggio non subisce perturbazioni oppure è deviato o assorbito secondo la composizione del campione.

Spora: forma resistente che si produce nei microrganismi sporigeni quando le condizioni ambientali diventano sfavorevoli alla forma vegetativa.

Sporangio: organo in cui le spore asessuali sono prodotte per scissione.

Striscio: campione di materiale che viene strisciato su un vetrino in modo da formare un sottile strato da analizzare al microscopio, dopo adeguata colorazione oppure "a fresco".

Termofilo: organismo che vive in ambienti a temperature superiori a 50 °C.

Terreno di coltura: substrato per consentire la crescita dei microrganismi. I terreni selettivi contengono sostanze che favoriscono la crescita solo di determinate specie di microrganismi e non di altre.

Tossina: composto velenoso prodotto da certe specie batteriche e fungine.

Transfezione: ingresso di un vettore virale o fagico geneticamente modificato all'interno di una cellula-ospite, allo scopo di inserirvi uno o più nuovi geni capaci di produrre proteine desiderate.

Transgenico: individuo modificato artificialmente mediante l'inserimento di geni estranei, anche di specie differenti.

Trascrittasi inversa: enzima dei retrovirus che permette la trascrizione dell'RNA in DNA.

Vaccino: preparato per stimolare nell'ospite una risposta immunitaria più duratura possibile contro specifici agenti infettivi. Alcuni vaccini sono formati da batteri o virus interi uccisi, altri da agenti infettivi vivi e attenuati; altri sono costituiti dai determinanti antigenici isolati dai microrganismi o costruiti mediante l'ingegneria genetica e coniugati con adiuvanti per aumentare l'efficacia.

Vacuolo: corpuscolo citoplasmatico tipico dei protozoi e delle cellule fungine, di forma sferica e contenente in genere materiale nutritivo o di scarto.

Vettore: termine generico che indica i mezzi utilizzati in ingegneria genetica per introdurre in una cellula ospite nuovi geni. Sono vettori fagi, plasmidi, virus e gli elementi di DNA mobile. L'ingresso di un vettore virale ricombinante nella cellula-ospite è chiamato transfezione, quello di un vettore plasmidico è detto trasformazione.

Virulenza: capacità di un microrganismo di provocare una malattia.

Indice analitico

Finito di stampare nel mese di maggio 2000 presso Giunti Industrie Grafiche S.p.A Stabilimento di Prato